도형과 측정

차례

평면도형

정사각형은 네 변의 길이와
네 각의 크기가 모두 같은
사각형이에요.
사각형은 네 개의 변과
네 개의 꼭짓점이 있어요.

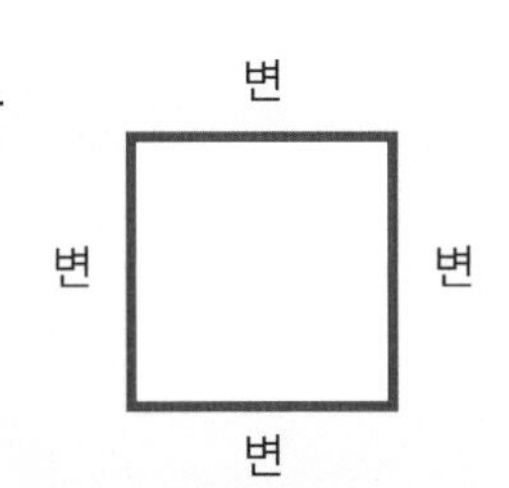

이것은 오각형이에요.
5개의 변과 5개의 꼭짓점이
있어요. 변의 길이가 모두
같지는 않기 때문에 정오각형은
아니에요.

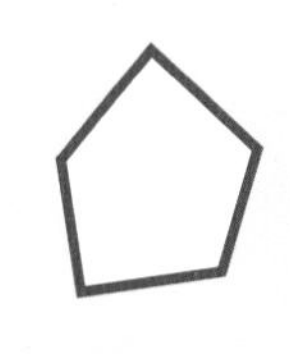

다각형과
정다각형은 달라.

1 다음 도형의 변의 수와 꼭짓점의 수를 쓰세요.

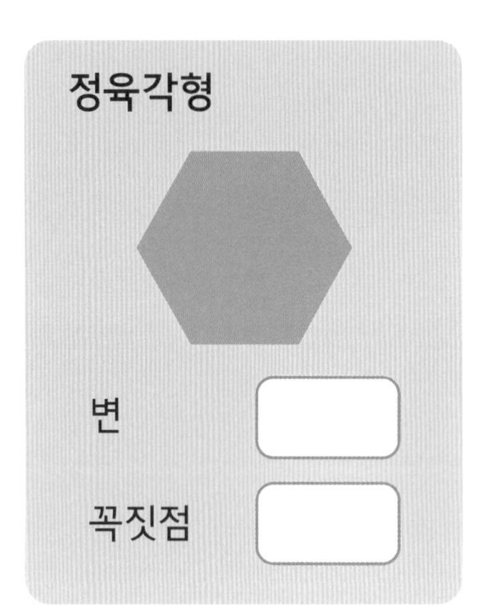

2 각 도형에 대한 설명을 완성하세요.

정다각형은 변의 길이와 각의 크기가 모두 같아요. 정다각형이 아닌 다각형은 변의 길이와 각의 크기가 모두 같지는 않아요.

이 도형은 변이 __4__ 개인 __사각형__ 이에요.

이 도형은 정팔각형이고 꼭짓점이 ____ 개예요.

이 도형은 ________ 이고 꼭짓점이 ____ 개예요.

3 정다각형은 빨간색, 정다각형이 아닌 것은 파란색으로 칠하세요.

기억하자!
직사각형은 정다각형이 아니에요. 변의 길이가 모두 같지는 않아요.

집 주변에서
여러 가지 도형을
찾아봐.

4 다음 도형을 자를 사용하여 그려 보세요.

1 정사각형

2 오각형

3 정삼각형

4 삼각형

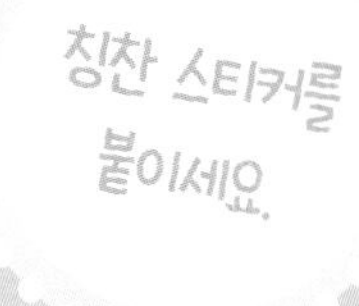

칭찬 스티커를
붙이세요.

체크! 체크!
여러 가지 도형의 이름과 모양을 잘 익혀 두세요. ☐

문제를 다 푼 다음, 32쪽으로!

직각

이 도형들은 모두 직각을 가지고 있어요.
직각은 다음과 같이 표시해요.

이것은
직각이에요.

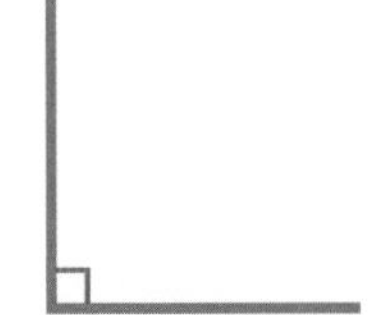

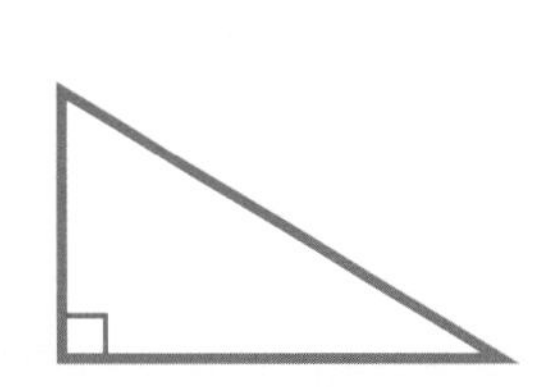

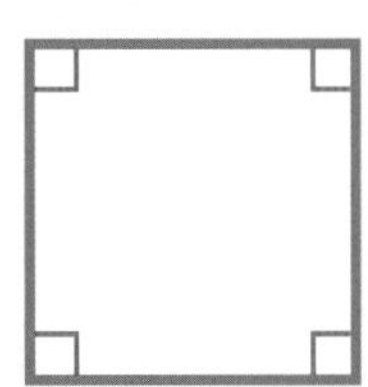

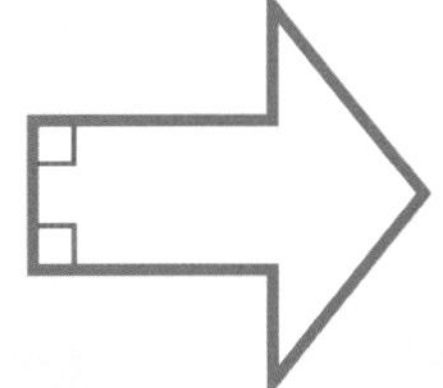

1 직각을 찾아 표시해 보세요.

2 직각을 찾아 ○표 하세요.

기억하자!
정사각형에는
4개의 직각이 있어요.

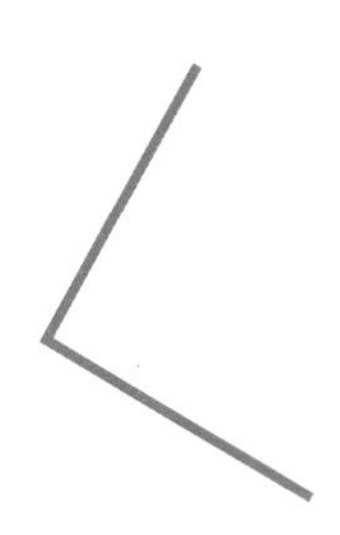

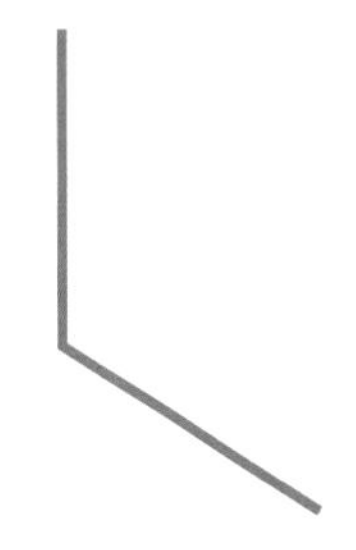

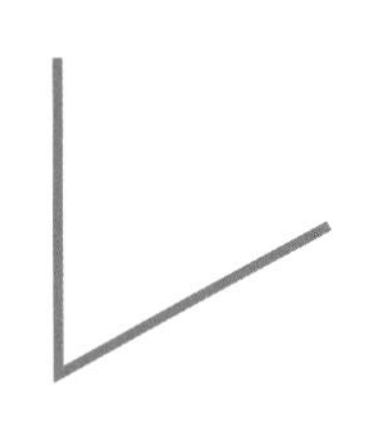

3 각 선에 또 다른 선을 그려 직각을 만들어 보세요.

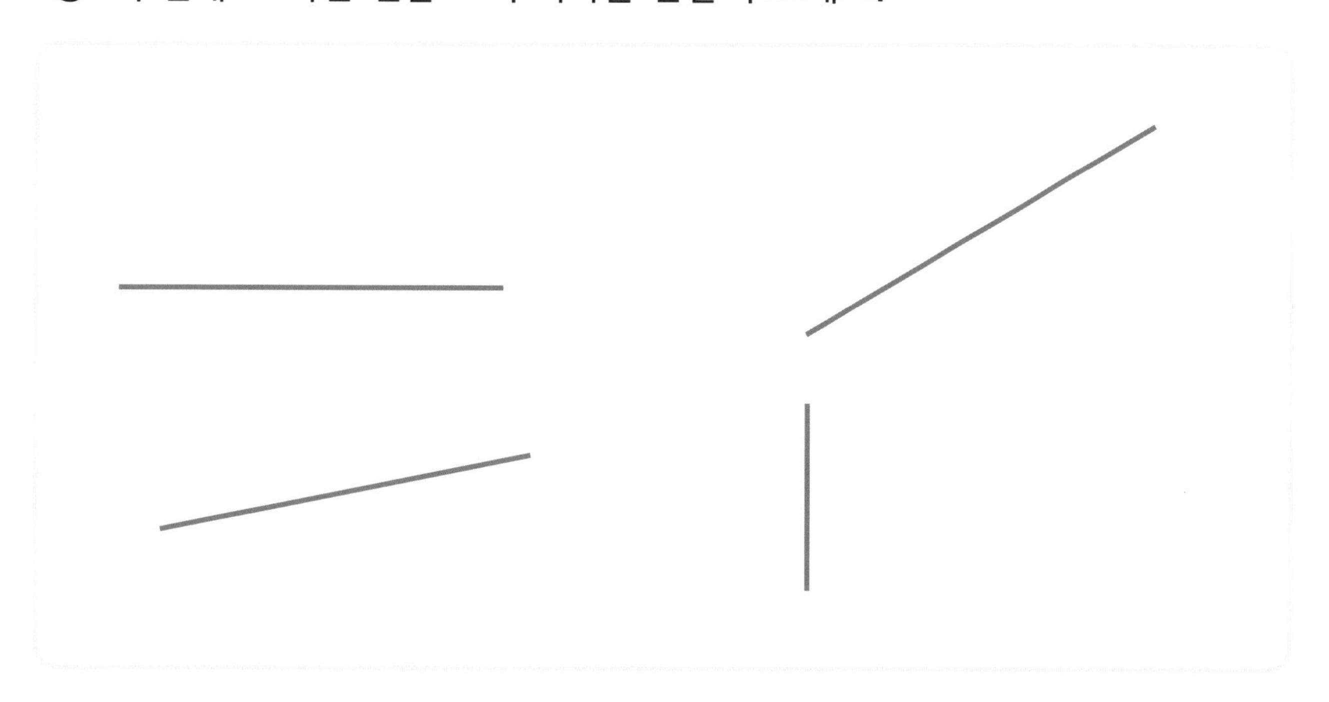

4 다음 도형을 그려 보세요.

자를 사용하는 것을 잊지 마.

1 직각이 한 개 있는 도형

2 직각이 두 개 있는 도형

체크! 체크!

직각을 올바르게 그렸나요?
직각은 정사각형의 한 각의 크기와 같아요.

잘했어!

문제를 다 푼 다음, 32쪽으로!

돌리기

1 다음 화살표를 어느 방향으로 돌렸는지 알맞은 스티커를 찾아 붙이세요. 시계 방향인가요, 시계 반대 방향인가요?

기억하자!
시계 방향은 오른쪽으로, 시계 반대 방향은 왼쪽으로 돌리는 거예요.

화살표를 돌릴 때 원의 가운데를 중심으로 직각만큼씩 돌려 봐.

2 다음과 같이 돌려 화살표를 알맞게 그려 보세요.

시계 방향으로 반 바퀴 돌려요.

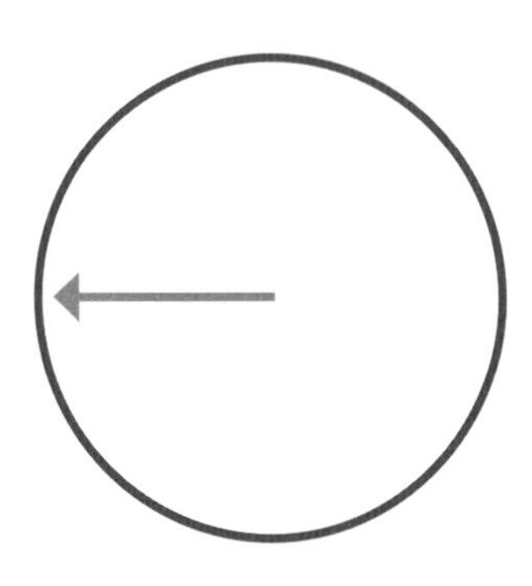

시계 반대 방향으로 $\frac{1}{4}$바퀴 돌려요.

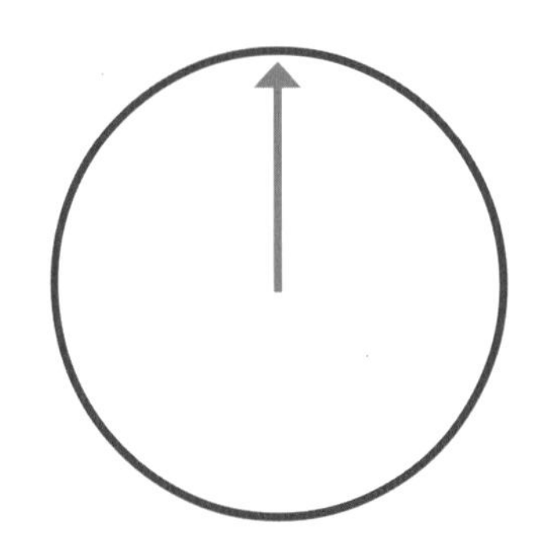

시계 반대 방향으로 $\frac{3}{4}$바퀴 돌려요.

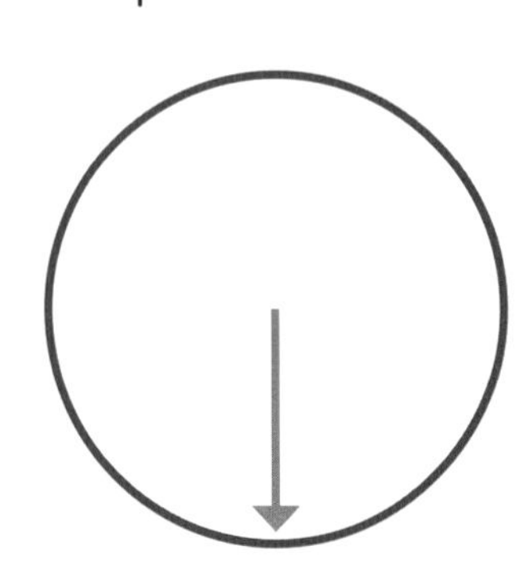

$\frac{1}{4}$ $\frac{1}{2}$ $\frac{3}{4}$

3 왼쪽 배를 시계 방향으로 돌렸더니 오른쪽과 같이 되었어요.
시계 방향으로 직각만큼 몇 번 돌렸나요?

1
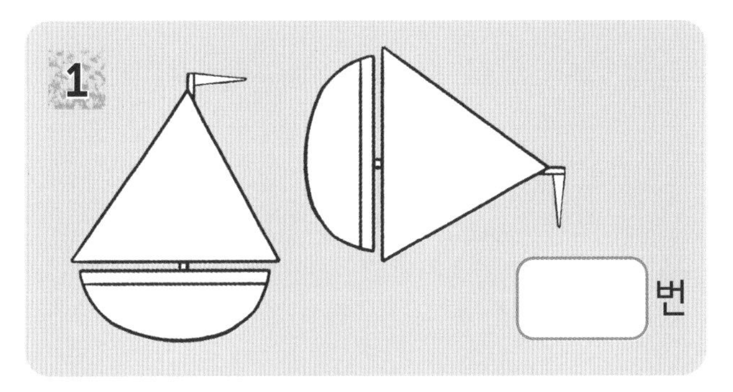
☐ 번

2
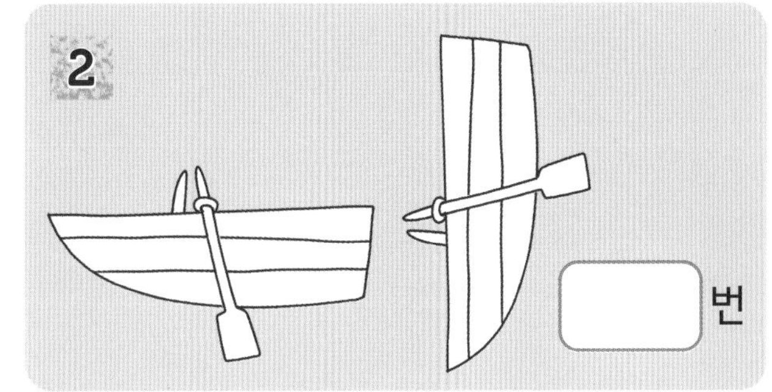
☐ 번

3
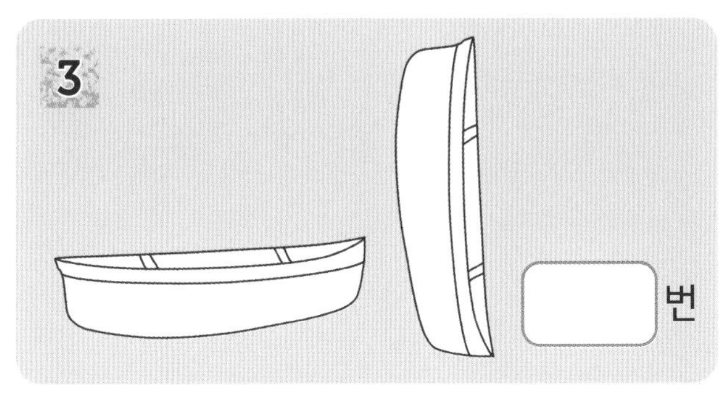
☐ 번

4
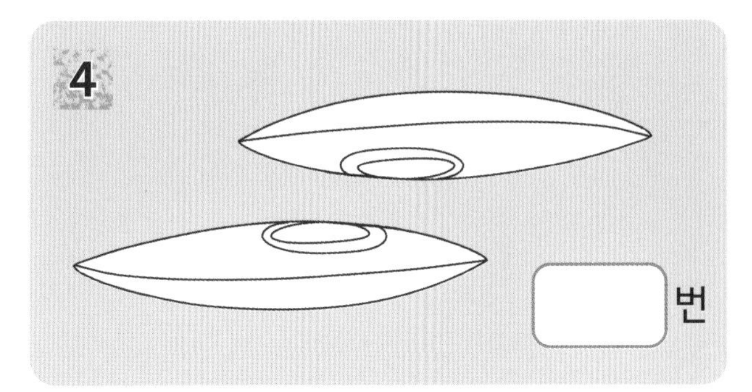
☐ 번

4 로봇에게 다음과 같이 명령했어요.

앞으로 두 칸 가서 오른쪽으로 돌아요.
⟶ 앞으로 세 칸 가서 왼쪽으로 돌아요.
⟶ 앞으로 두 칸 가서 오른쪽으로 돌아요.
⟶ 앞으로 한 칸 가요.
로봇이 이동한 길을 그리세요.

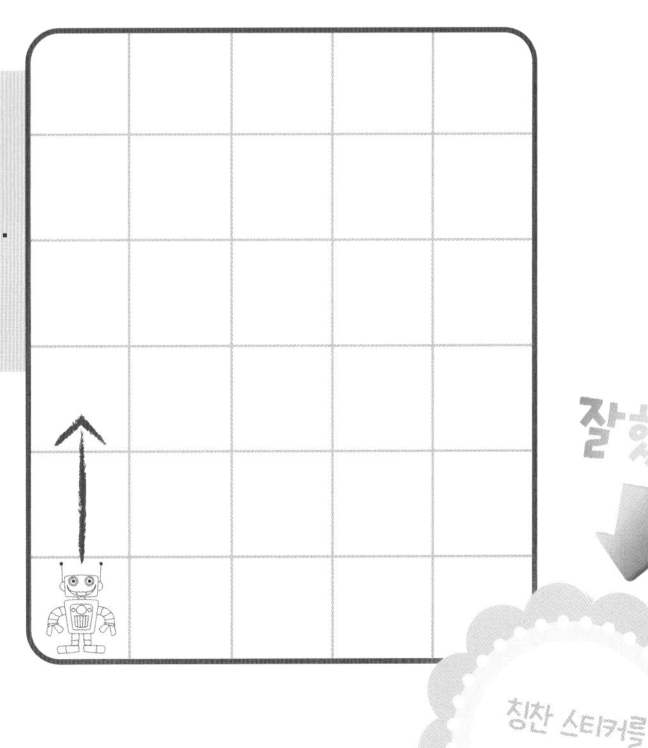

체크! 체크!
명령에 따라 정확하게 방향을 바꿨나요? ☐

잘했어!

칭찬 스티커를 붙이세요.

문제를 다 푼 다음, 32쪽으로!

둔각과 예각

직각보다 작은 각을
예각이라고 해요.
직각보다 크고 평각보다
작은 각을 둔각이라고 해요.

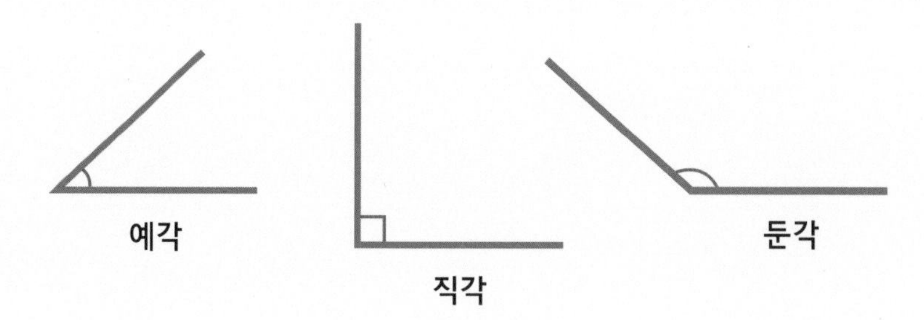

1 예각, 직각, 둔각 중 알맞은 스티커를 찾아 붙이세요.

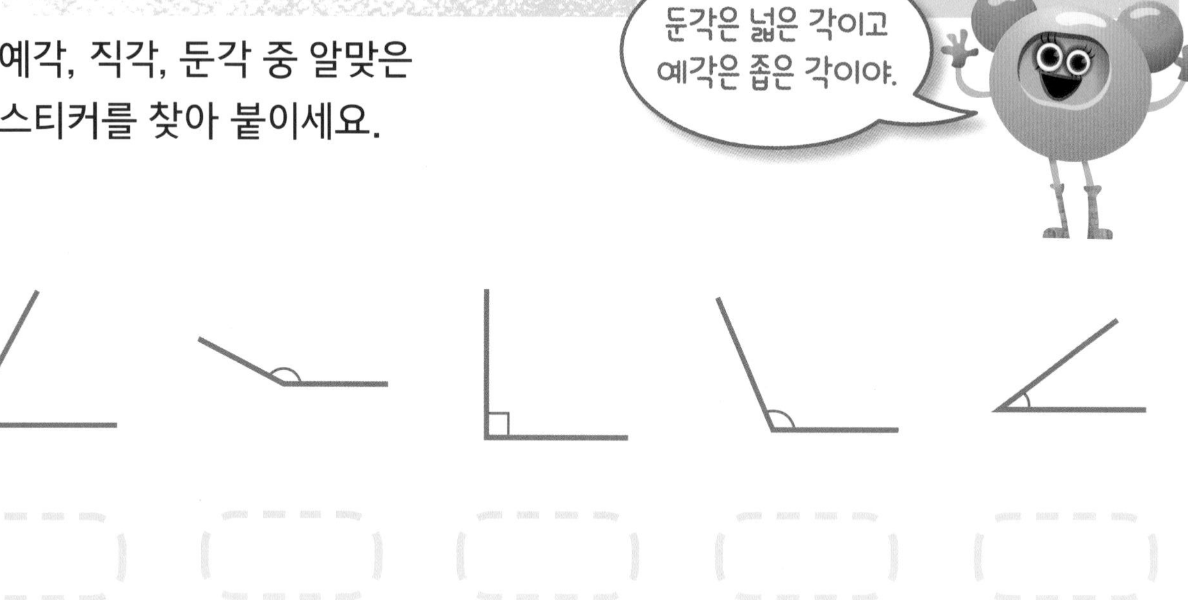

둔각은 넓은 각이고
예각은 좁은 각이야.

2 다음 각을 그려 보세요.

기억하자!
직각보다 작으면 어떤 각이든 모두 예각이에요.
또 직각보다 크고 평각보다 작으면 어떤 각이든
모두 둔각이에요.

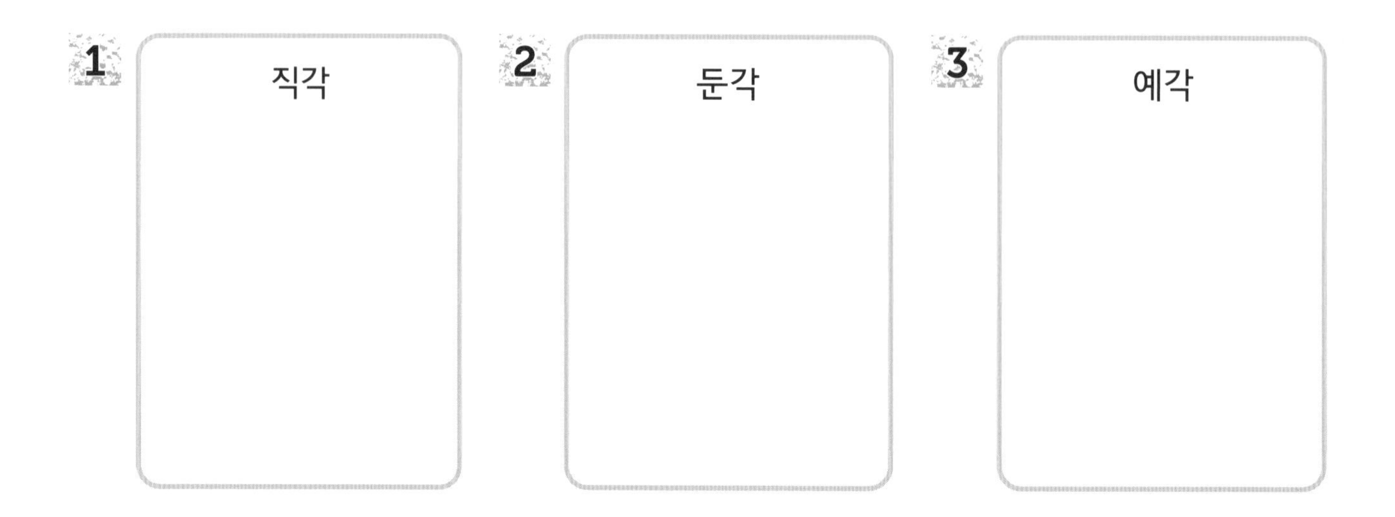

3 삼각형의 각 중 둔각을 모두 찾아 ○표 하세요.

4 삼각형의 각 중 예각을 모두 찾아 ○표 하세요.

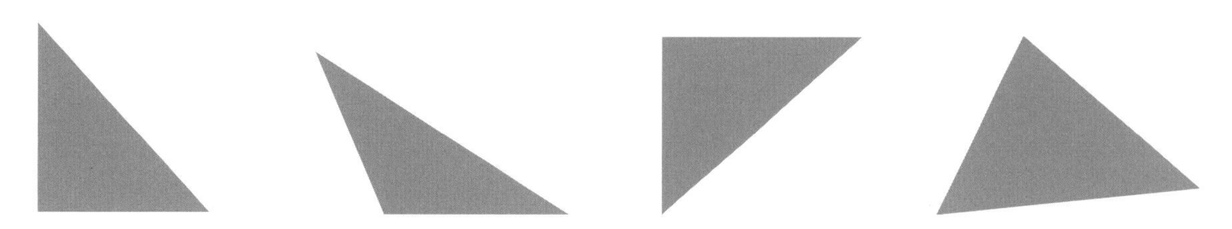

5 예각을 가진 도형은 빨간색으로, 직각을 가진 도형은 파란색으로, 둔각을 가진 도형은 노란색으로 칠하세요. 예각과 직각을 모두 가진 도형은 보라색으로 칠하세요.

체크! 체크!

이 페이지에 있는 정다각형의 이름을 붙일 수 있나요?
오각형을 찾을 수 있나요? 육각형을 찾을 수 있나요?
사각형 세 개를 찾을 수 있나요? □

칭찬 스티커를 붙이세요.

문제를 다 푼 다음, 32쪽으로!

입체도형 (1)

1 입체도형과 이름을 알맞게 선으로 이어 보세요.

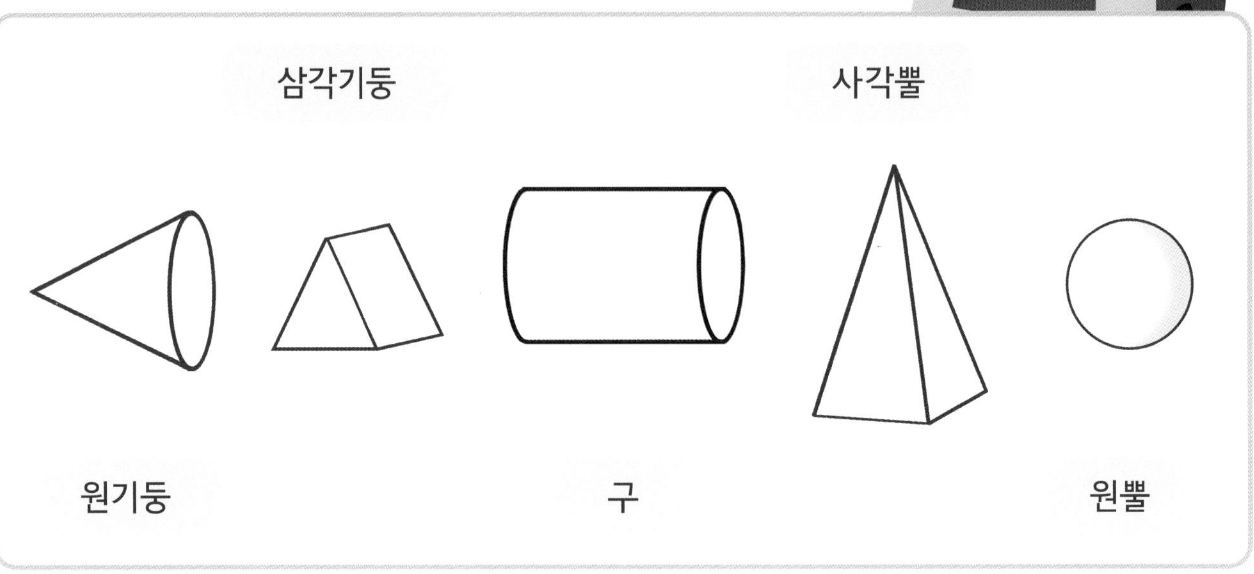

2 다음 각 도형에는 면이 몇 개 있나요?

기억하자!
입체도형의 면은 평면도형이에요.

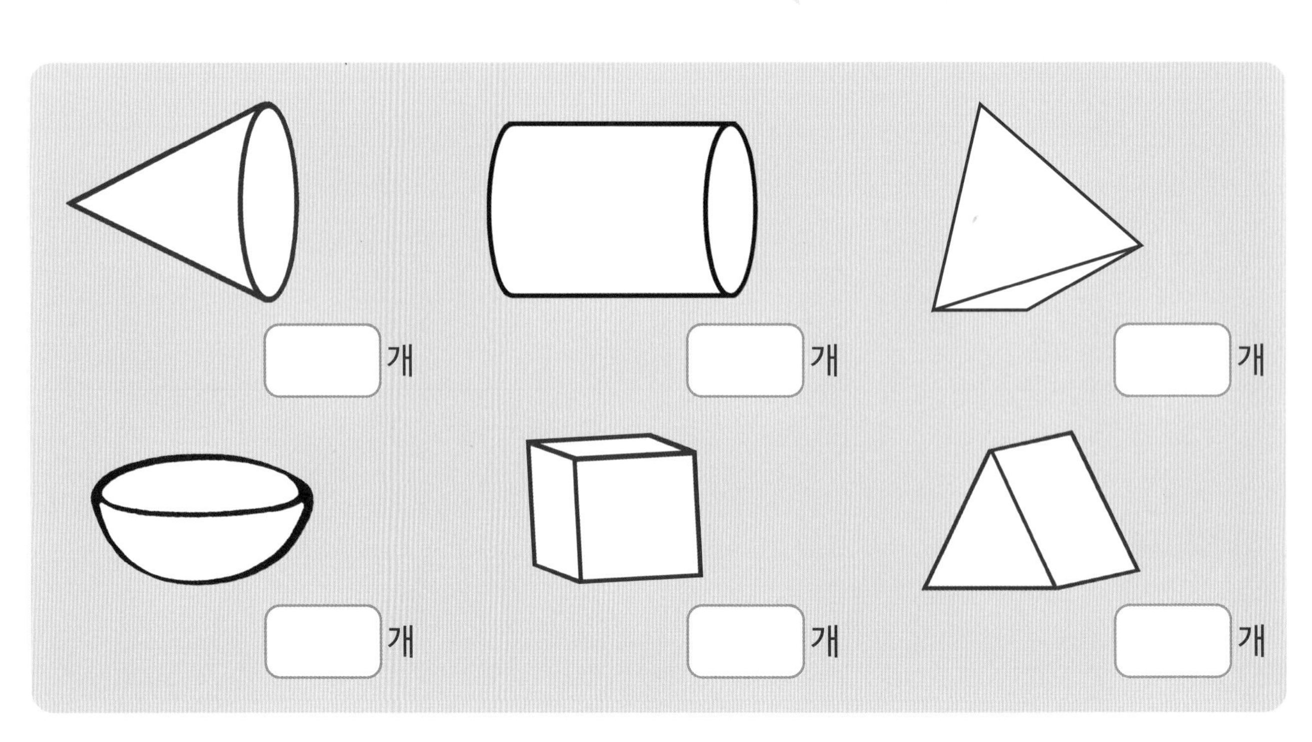

원기둥 사각뿔 정육면체 삼각기둥 직육면체

3 이름이 같은 도형끼리 선으로 이어 보세요.

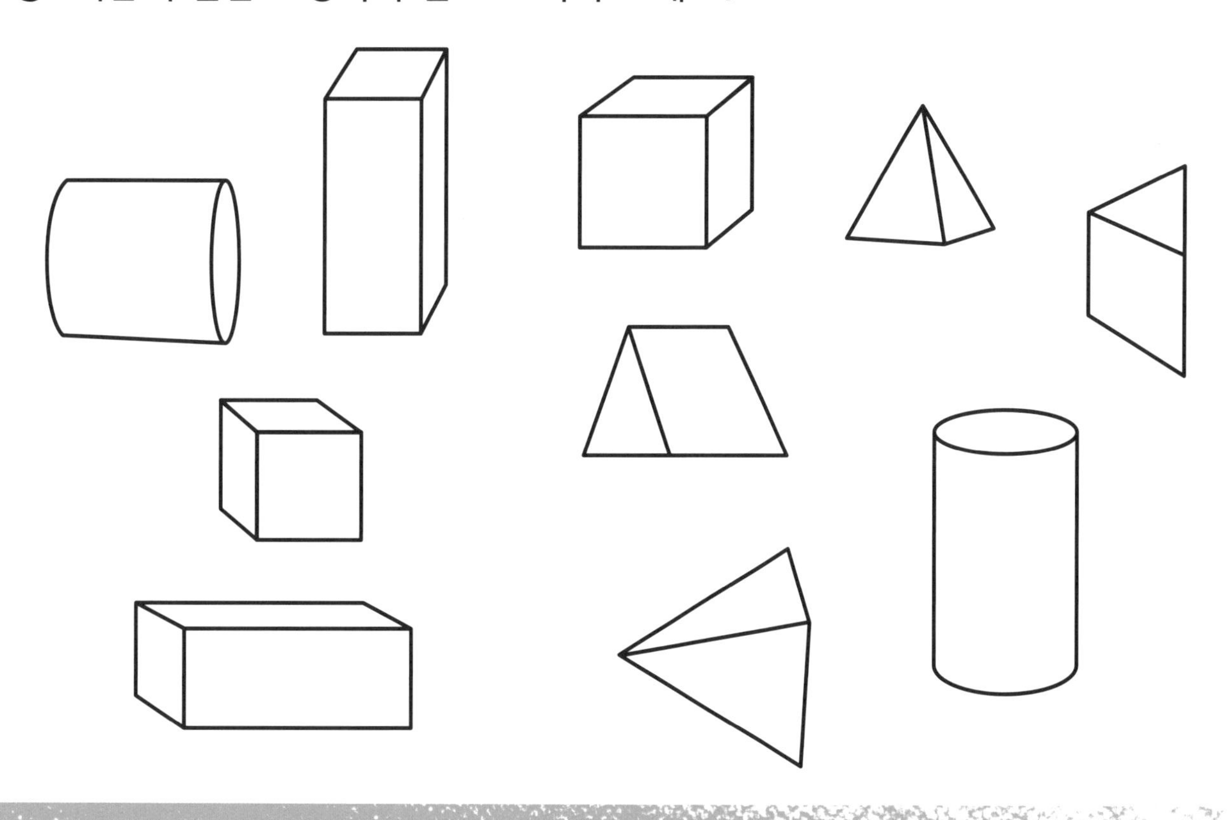

4 다음 사각뿔의 면, 꼭짓점, 모서리를 찾아 이름과 선으로 이어 보세요.

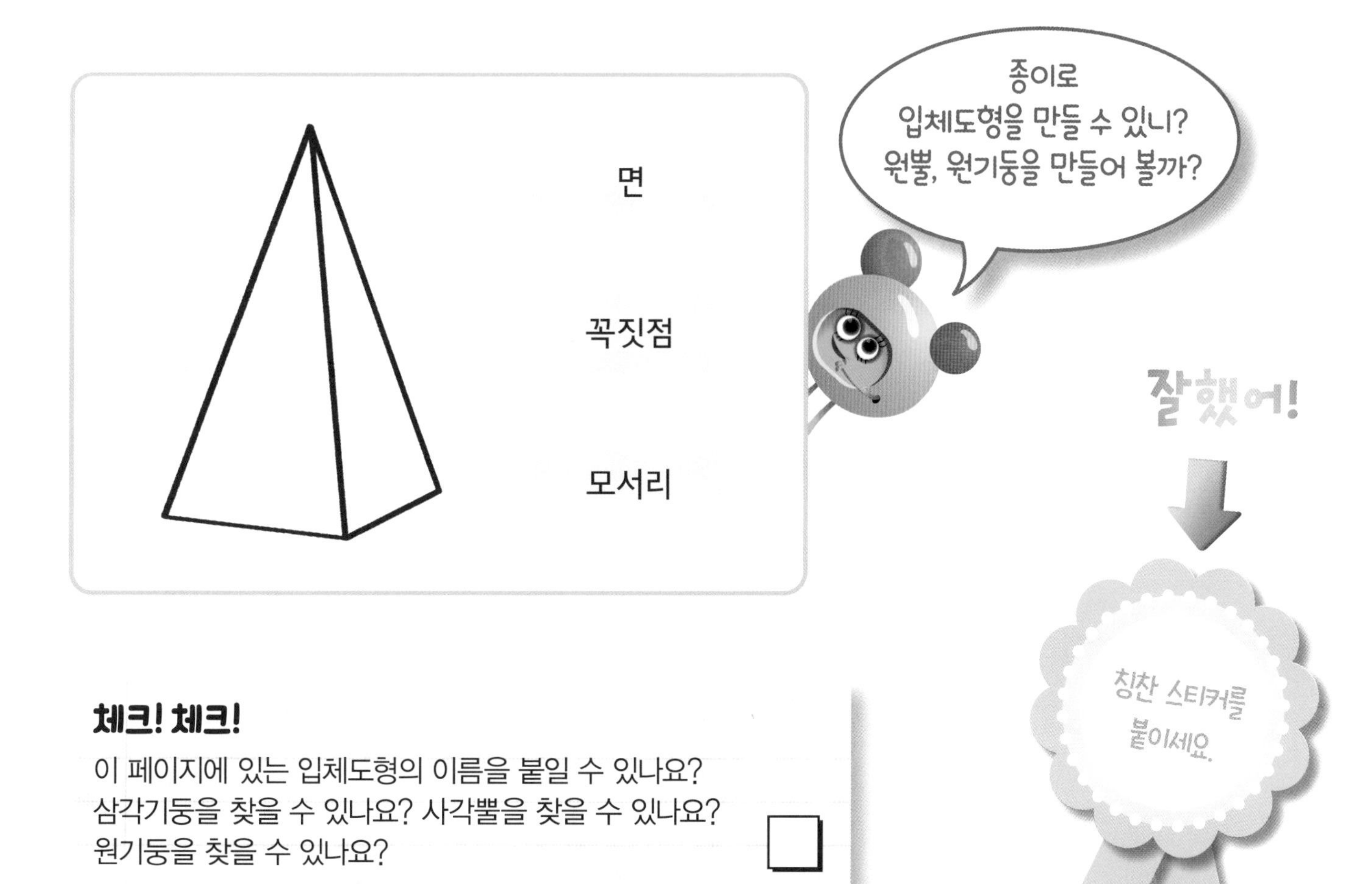
면
꼭짓점
모서리
종이로 입체도형을 만들 수 있니? 원뿔, 원기둥을 만들어 볼까?
잘했어!
칭찬 스티커를 붙이세요.

체크! 체크!

이 페이지에 있는 입체도형의 이름을 붙일 수 있나요?
삼각기둥을 찾을 수 있나요? 사각뿔을 찾을 수 있나요?
원기둥을 찾을 수 있나요? □

문제를 다 푼 다음, 32쪽으로!

입체도형(2)

1 다음 입체도형의 이름은 무엇일까요? 알맞은 스티커를 찾아 붙이세요.

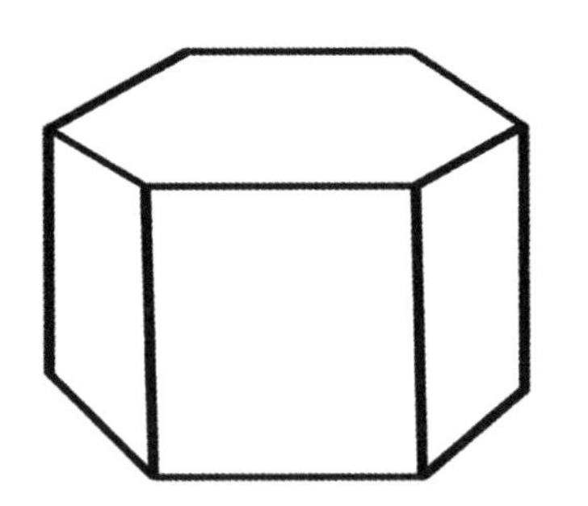

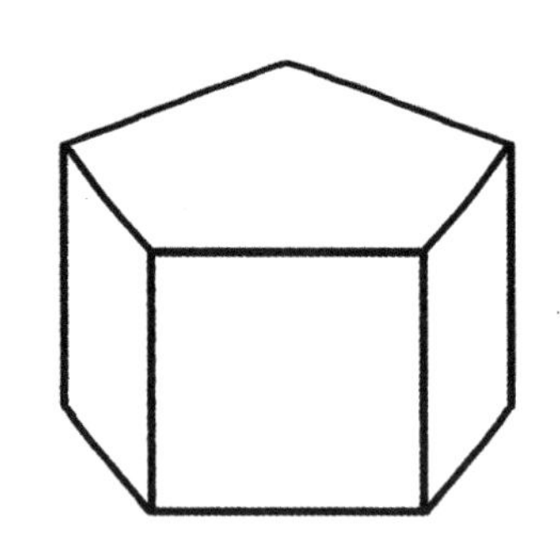

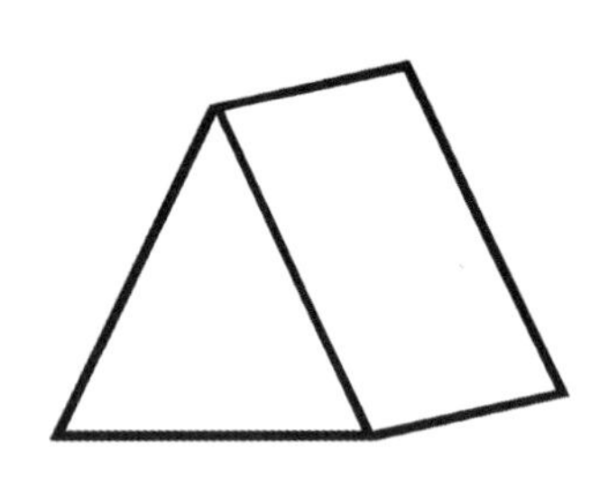

2 도형과 도형의 이름을 알맞게 선으로 이어 보세요.

기억하자!
사면체에는 면이 4개 있어요.
십이면체에는 면이 12개 있어요.
반구는 구의 절반이에요.

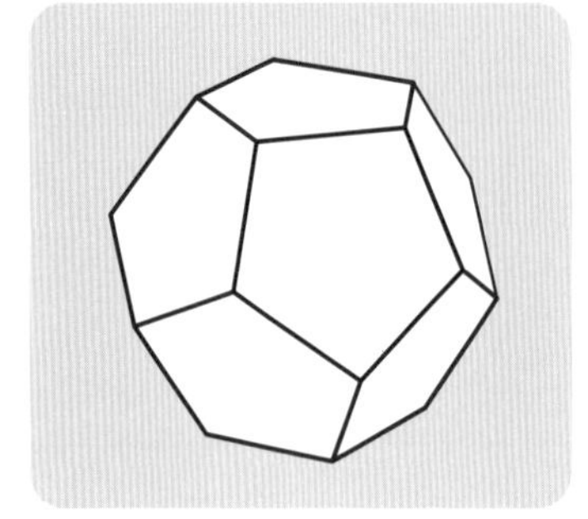

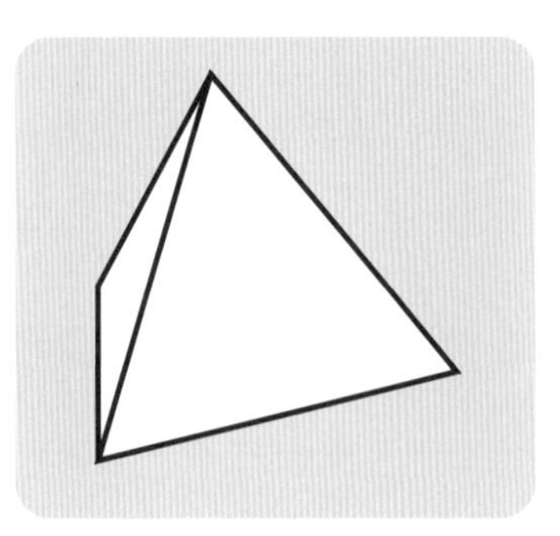

사면체 반구 십이면체

3 빈칸을 알맞게 채우세요.

도형의 이름을
잘 썼는지 맨 위의 단어와
비교해 봐.

이름				사각뿔
면	6			
꼭짓점		1		
모서리			0	

4 각 입체도형과 입체도형이 가지고 있는 면을 바르게 선으로 이어 보세요.

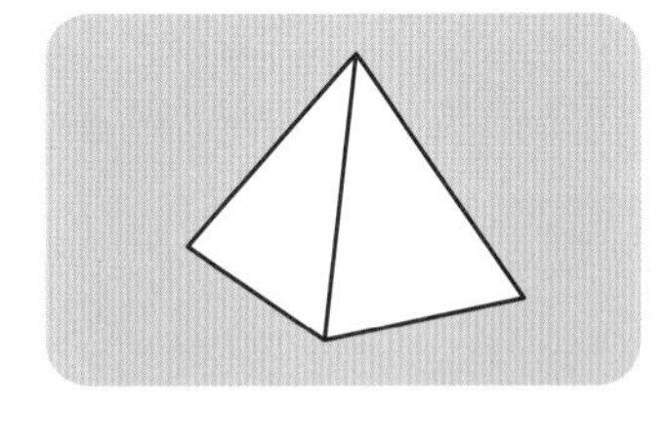

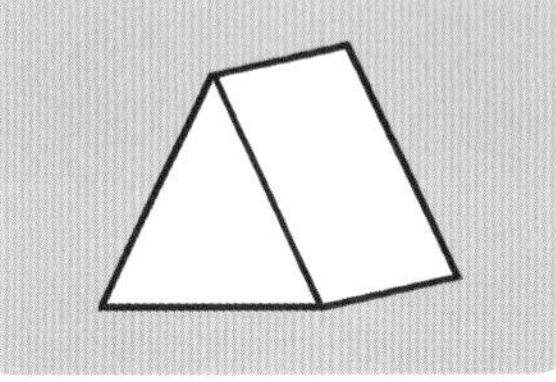
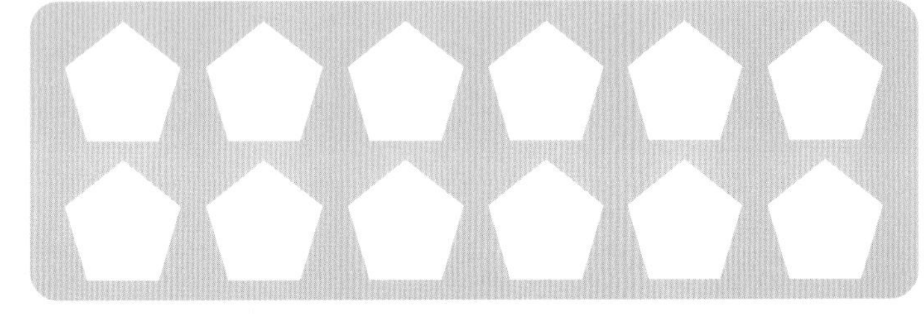
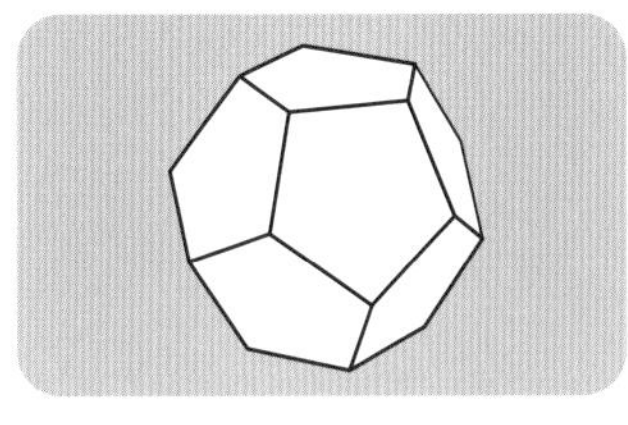

맨 위에 있는 사각뿔은
면이 5개야. 정사각형 1개,
삼각형 4개.

체크! 체크!
페이지 맨 위의 도형 이름을
보고 각 도형을 찾아보세요. 

칭찬 스티커를
붙이세요.

문제를 다 푼 다음, 32쪽으로!

수선과 평행선

두 직선이 서로 수직으로 만날 때
한 직선을 다른 직선의 수선이라고 해요.
평행선은 항상 같은 간격을 유지해요.
평행한 두 직선은 만나지 않아요.

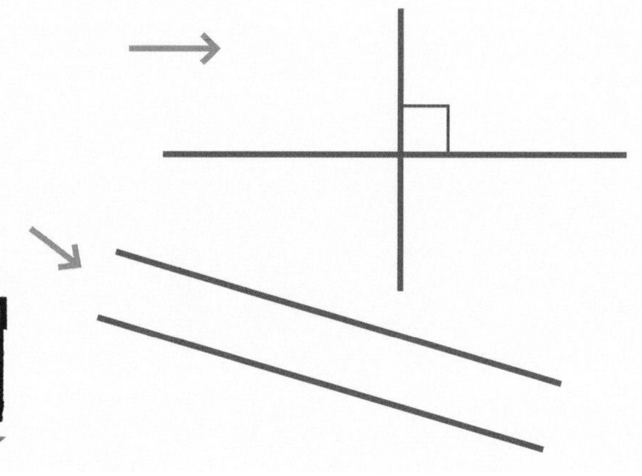

1 두 직선이 서로 수직으로 만나는 것을 모두 찾아 ○표 하세요.

평행선은 기찻길의
레일과 비슷해.

2 두 직선이 서로 평행인 것을 모두 찾아 ○표 하세요.

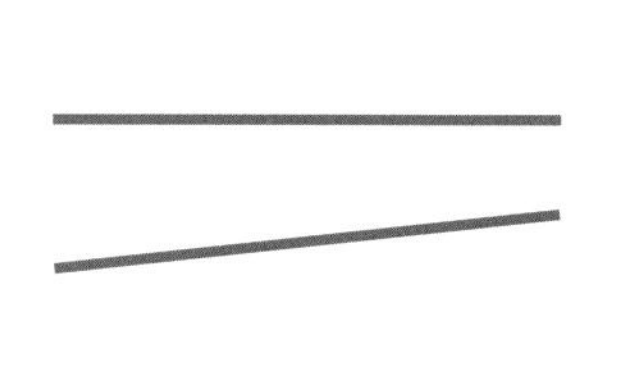

3 다음 각 직선에 평행인 선을 그려 보세요.

기억하자!
평행인 두 선 사이의
간격은 항상 일정해요.

4 직사각형을 찾아 선으로 이어 보세요.

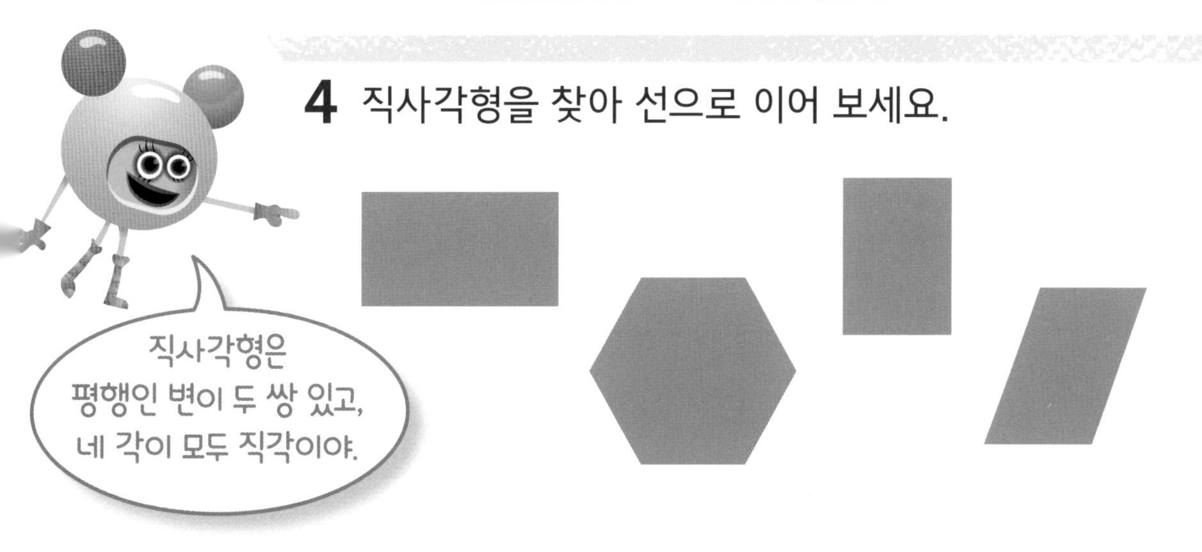

직사각형은
평행인 변이 두 쌍 있고,
네 각이 모두 직각이야.

5 평행인 선을 그려 사각형을 완성해 보세요.

1

2

6 다음 그림에서 평행인 두 직선, 수직으로 만나는 두 직선을 찾을 수 있는 만큼 찾아보세요.

기억하자!
서로 수직인 두 직선은 직각으로 만나요.

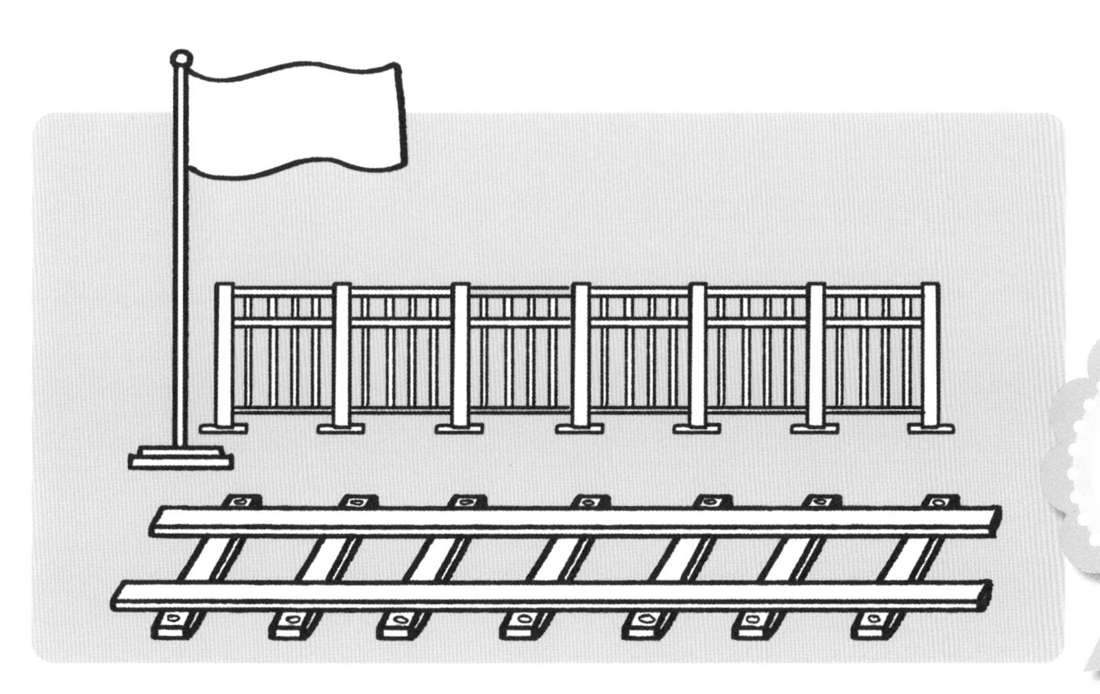

칭찬 스티커를 붙이세요.

문제를 다 푼 다음, 32쪽으로!

길이 재기

미터(m), 센티미터(cm)
또는 밀리미터(mm)로 길이를
나타낼 수 있어.

1 다음 물건의 길이를 재어 빈칸에 알맞은 수를 쓰세요.

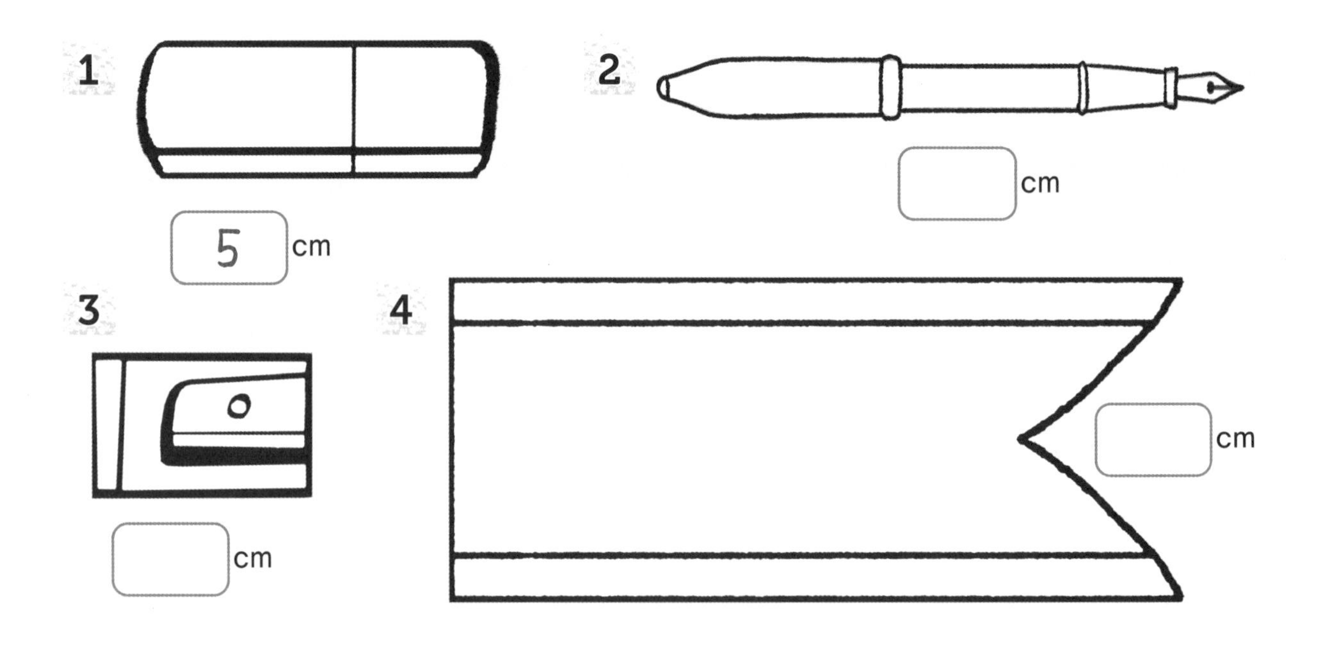

2 화살표가 가리키는 곳의 길이를 cm와 mm로 나타내세요.

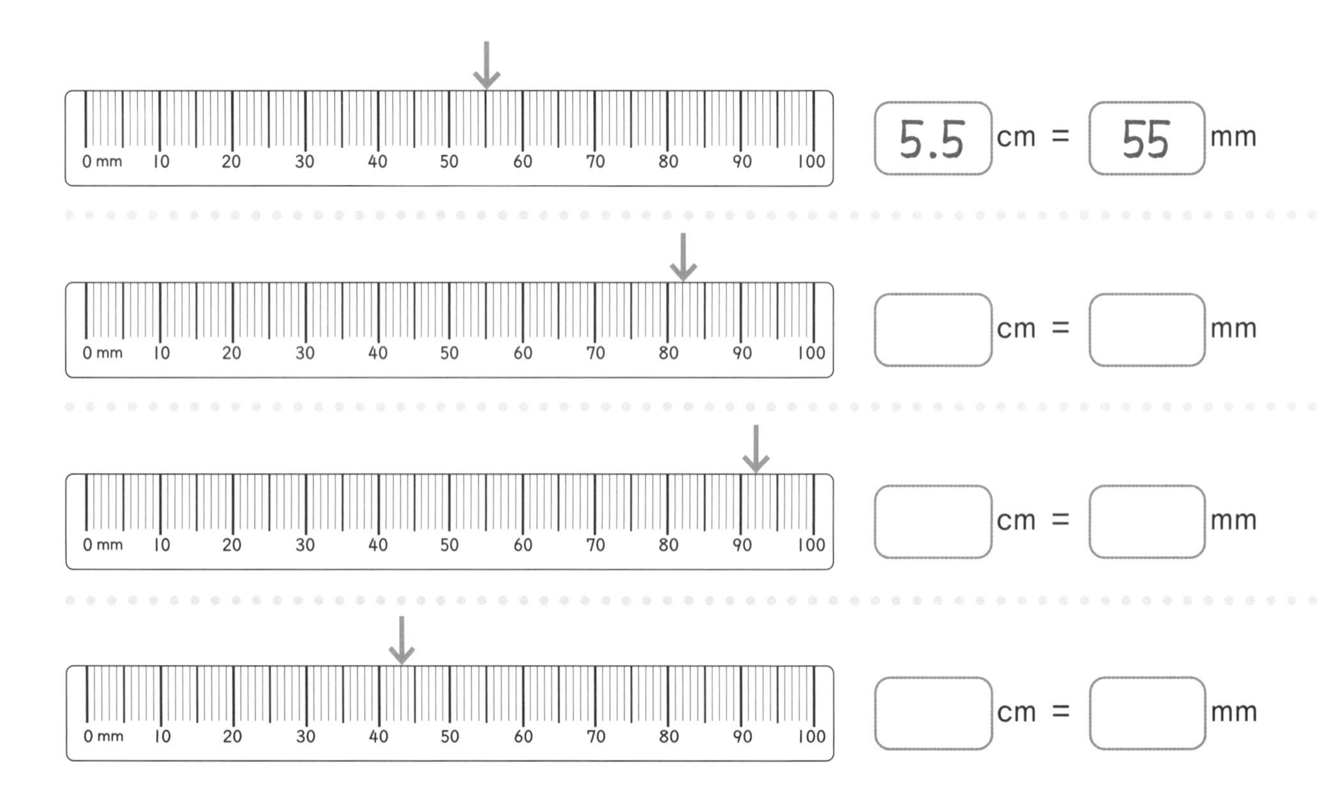

3 얼마나 멀리 점프할 수 있나요? 바닥에 선을 그리고 선에 발의 앞부분을 맞춘 다음 점프해요. 그러고 나서 출발선과 발뒤꿈치의 거리를 재어 보세요.

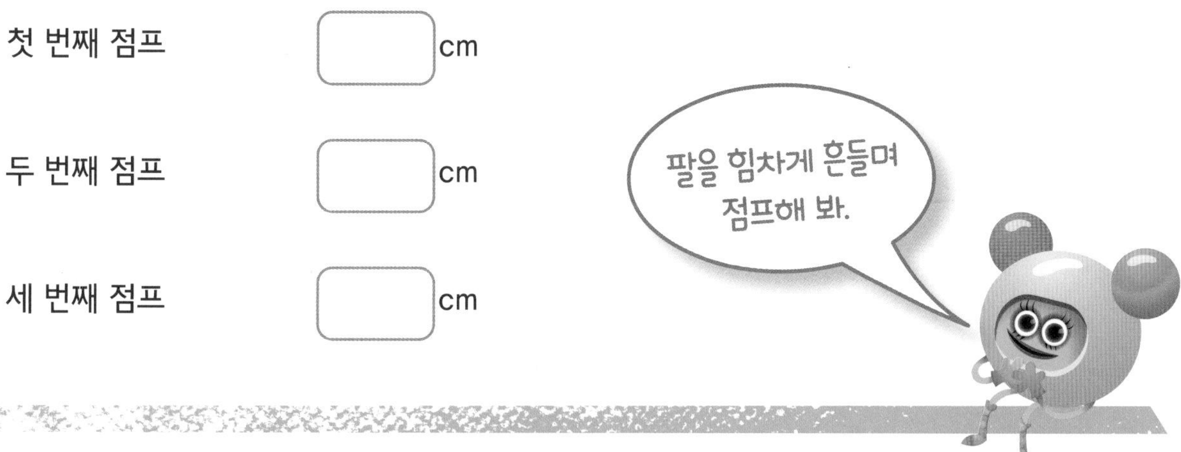

첫 번째 점프
cm
두 번째 점프
cm
세 번째 점프
cm
팔을 힘차게 흔들며 점프해 봐.

4 연필의 길이를 재어 mm로 나타내세요.
그런 다음 가장 가까운 cm로 나타내세요.

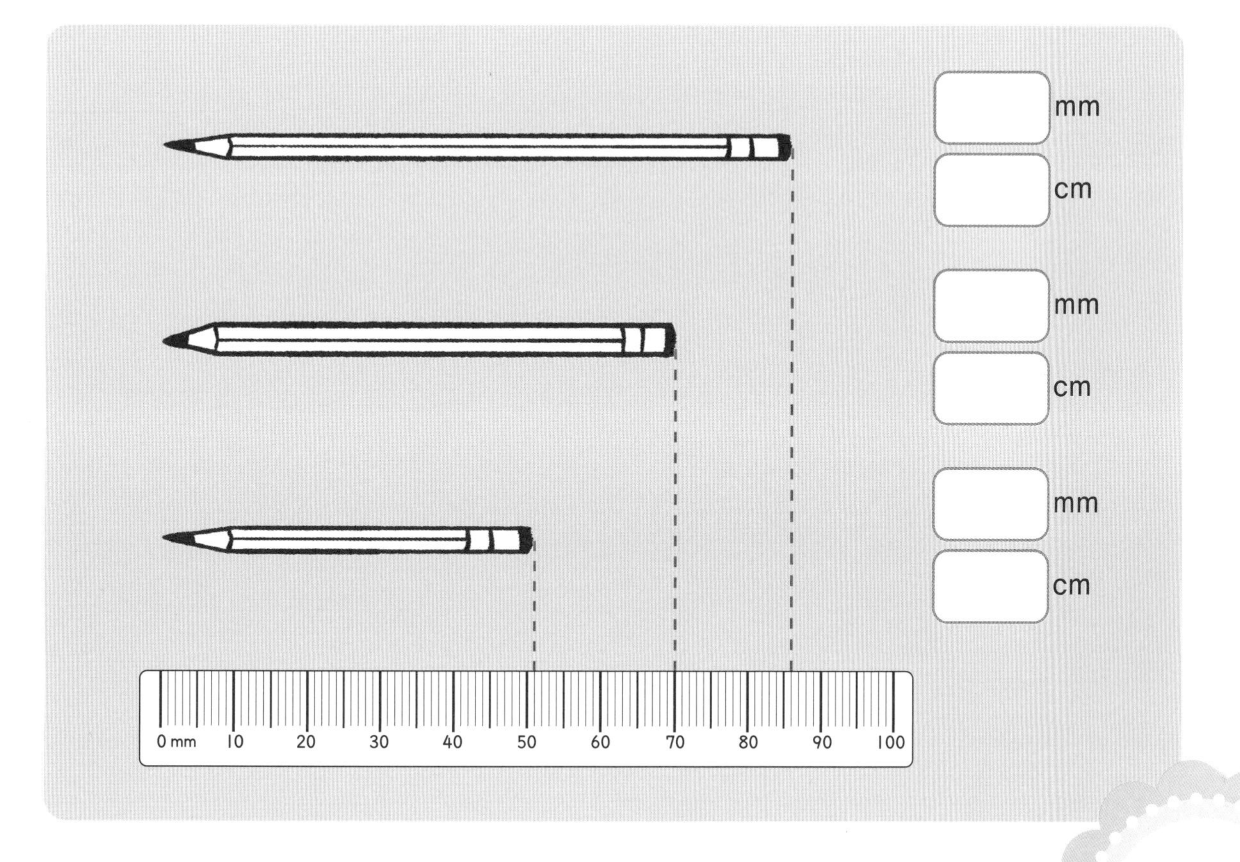

체크! 체크!

연필 길이를 cm로 나타낼 때는 자에서 가장 가까운 수를 찾으면 돼요. ☐

칭찬 스티커를 붙이세요.

문제를 다 푼 다음, 32쪽으로!

둘레

기억하자!
둘레는 도형의 바깥쪽 길이의 합이에요.

1 다음 물건의 둘레를 구하기 위해 다음과 같이 덧셈을 하세요.

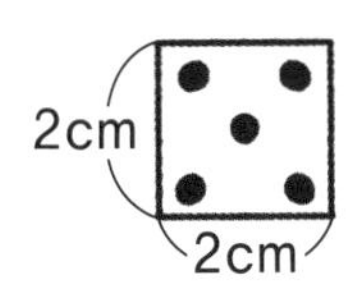

1 2cm + 2cm + 2cm + 2cm = 8 cm

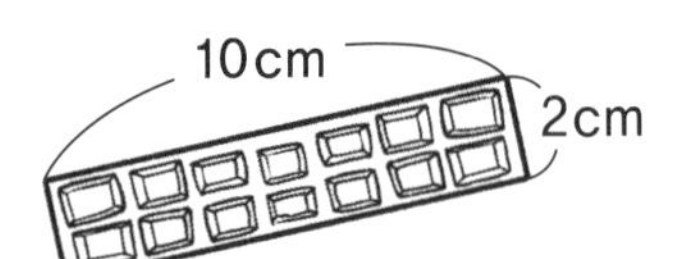

2 ____ + ____ + ____ + ____ = ☐ cm

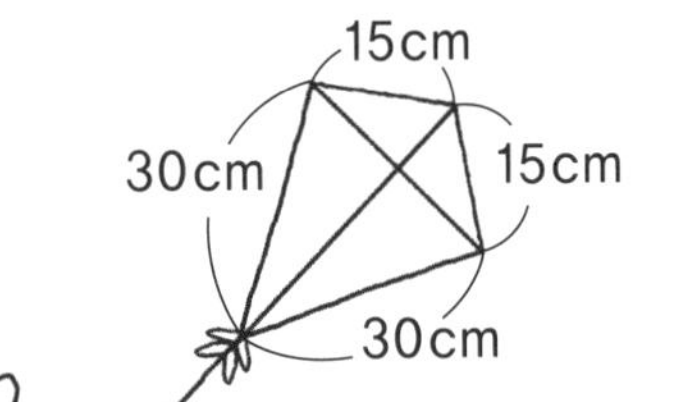

3 ____ + ____ + ____ + ____ = ☐ cm

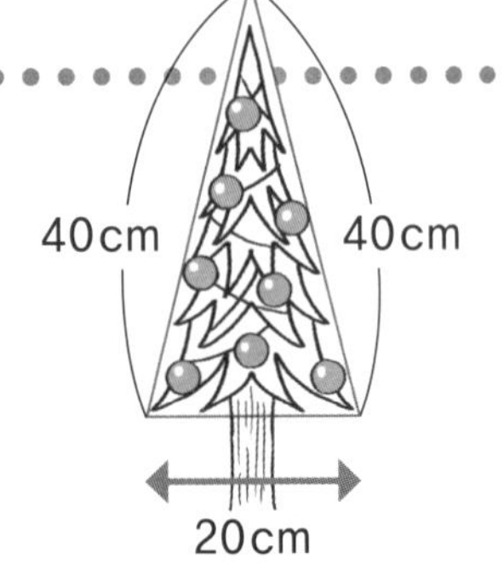

4 ____ + ____ + ____ = ☐ cm

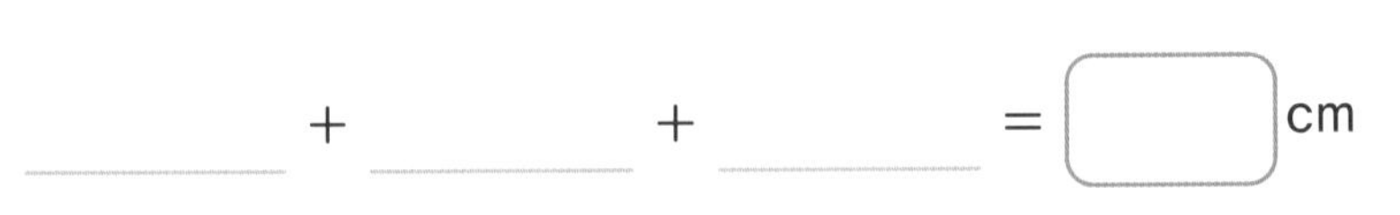

5 ____ + ____ + ____ = ☐ cm

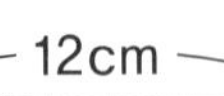

6 ____ + ____ + ____ + ____ = ☐ cm

이 페이지에는 몇 가지 종류의 삼각형이 있을까?

2 다음 도형의 둘레를 구해 보세요.

1 덧셈식으로 쓰기:

둘레 = ☐ cm

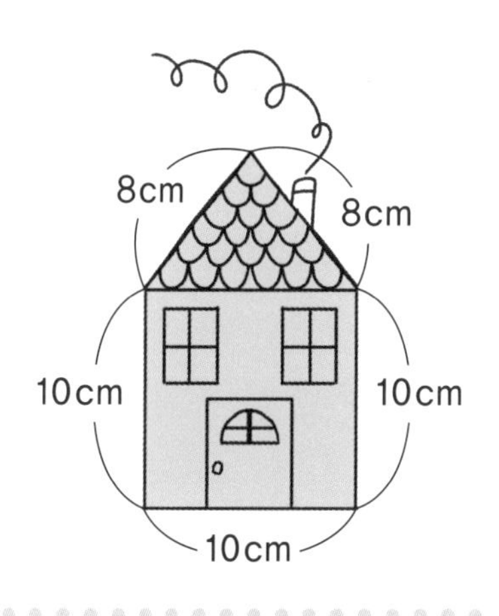

2 덧셈식으로 쓰기:

둘레 = ☐ cm

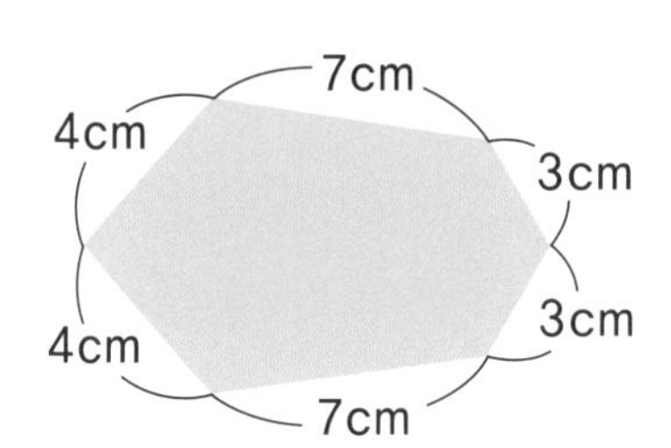

3 덧셈식으로 쓰기:

둘레 = ☐ cm

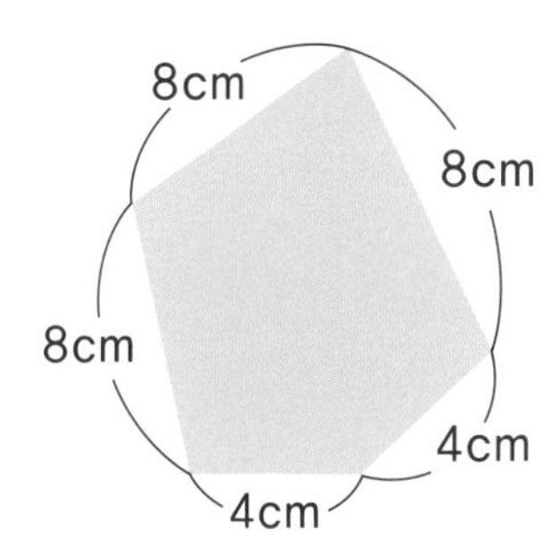

4 덧셈식으로 쓰기:

둘레 = ☐ cm

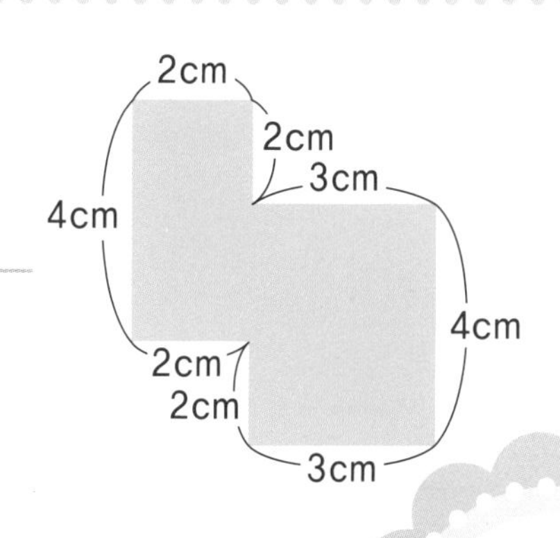

체크! 체크!

도형의 모든 변의 길이를 더해 둘레를 구했나요? 손가락으로 도형의 둘레를 따라 그려 보세요. 도형의 한 꼭짓점에서 시작하여 모든 변을 돌아 처음 시작한 꼭짓점으로 돌아왔는지 확인하세요.

칭찬 스티커를 붙이세요.

문제를 다 푼 다음, 32쪽으로!

길이 비교하기와 어림하기

긴 물건은 m로,
짧은 물건은 cm로,
아주아주 더 짧은 물건은
mm로 나타내.

1 다음 물건의 길이를 나타내기에 적당한 단위를 쓰세요.

1

길이 = 3 ☐

2

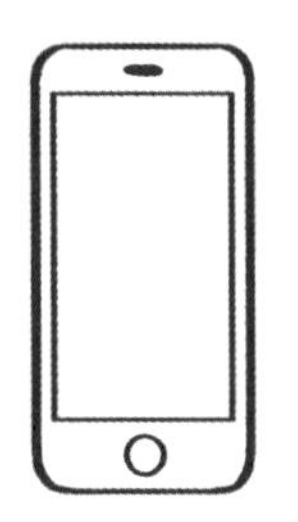

길이 = 14 ☐

3

길이 = 6 ☐

4

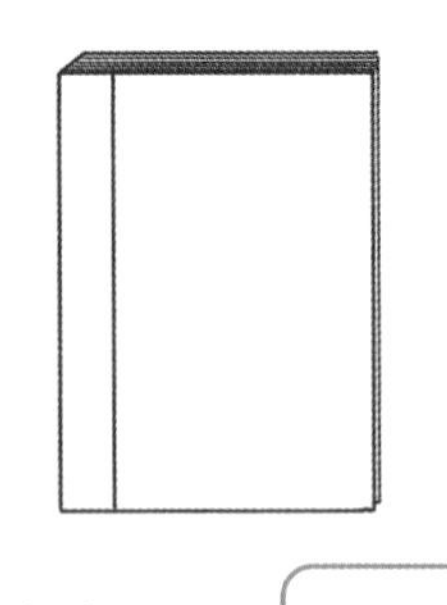

길이 = 20 ☐

5

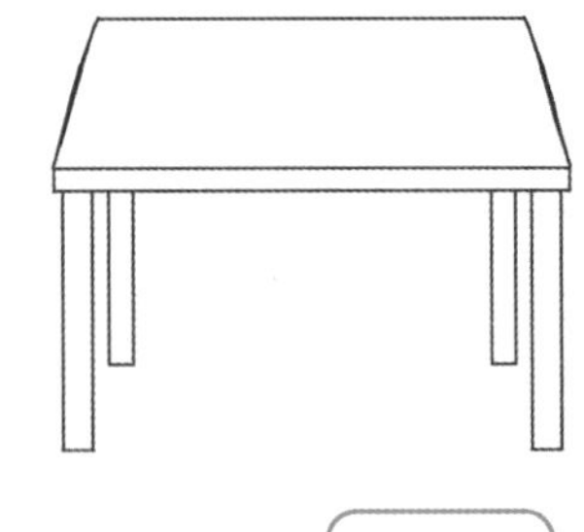

길이 = 2 ☐

2 더 긴 것에 ○표 하세요.

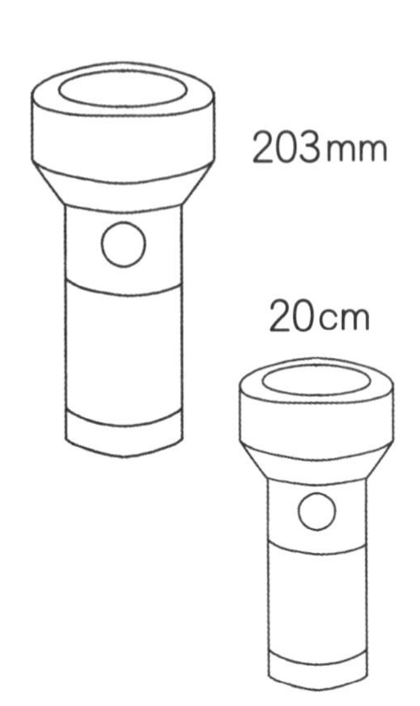

203mm

20cm

180cm

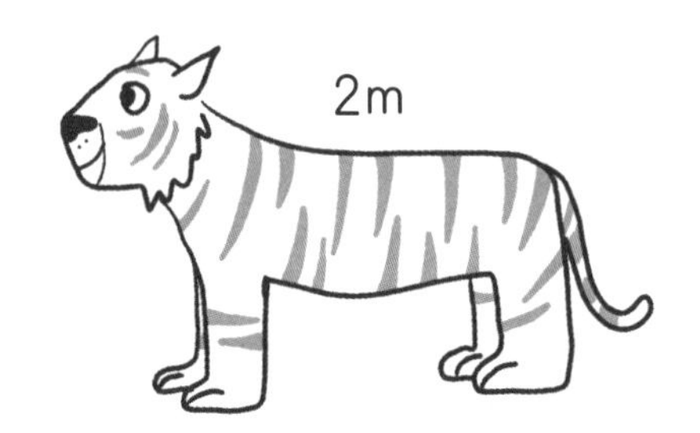

2m

15cm

130mm

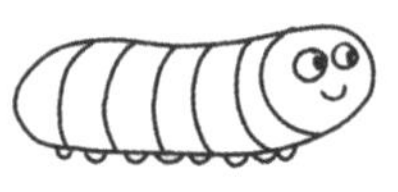

4cm

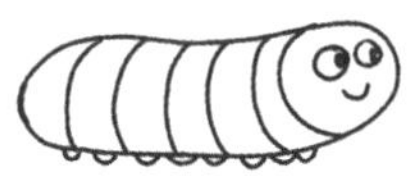

45mm

cm	m	km

3 다음 길이를 센티미터로 나타내세요.

1 40mm = ☐ cm

2 15mm = ☐ cm

3 30mm = ☐ cm

4 80mm = ☐ cm

5 25mm = ☐ cm

6 60mm = ☐ cm

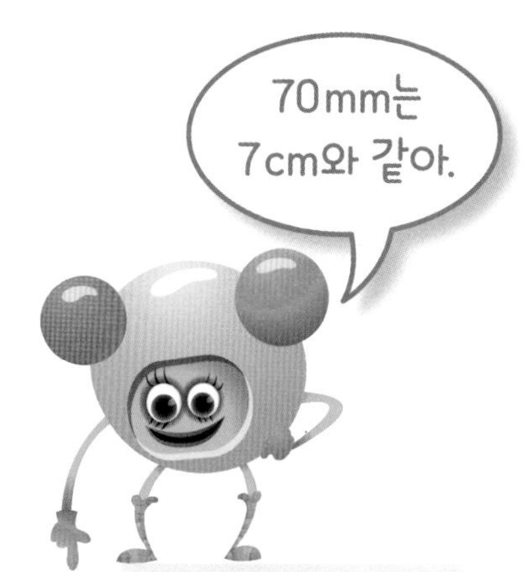

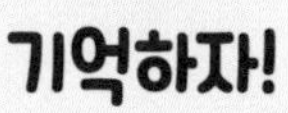

4 애벌레의 길이를 어림해 보세요.
그리고 직접 재어 써 보세요.

기억하자!
1m = 100cm
1m = 1000mm
1000m = 1km

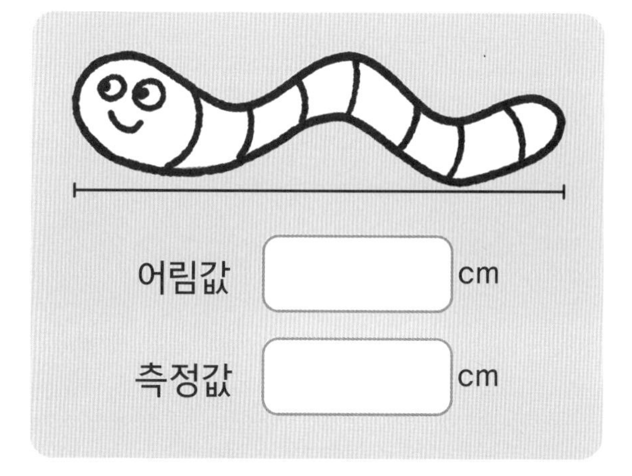

어림값 ☐ cm
측정값 ☐ cm

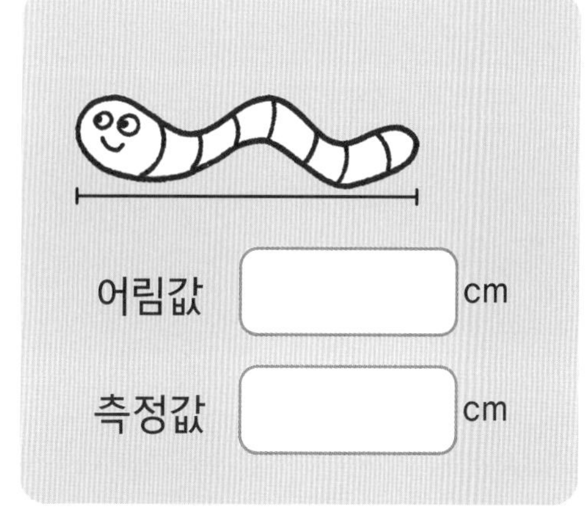

어림값 ☐ cm
측정값 ☐ cm

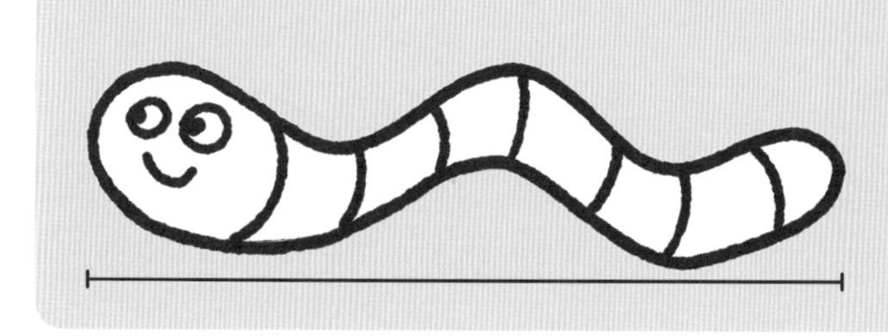

어림값 ☐ cm
측정값 ☐ cm

칭찬 스티커를 붙이세요.

체크! 체크!
올바른 단위를 선택했나요? ☐

무게 재기

기억하자!
저울의 바늘이 가리키는 수를 읽어 보세요.

1 각 물건의 무게를 쓰세요.

1 [ ] g

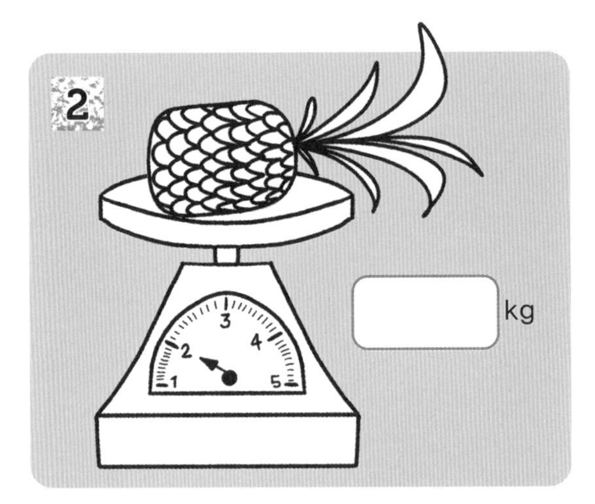

2 [ ] kg

3 [ ] g

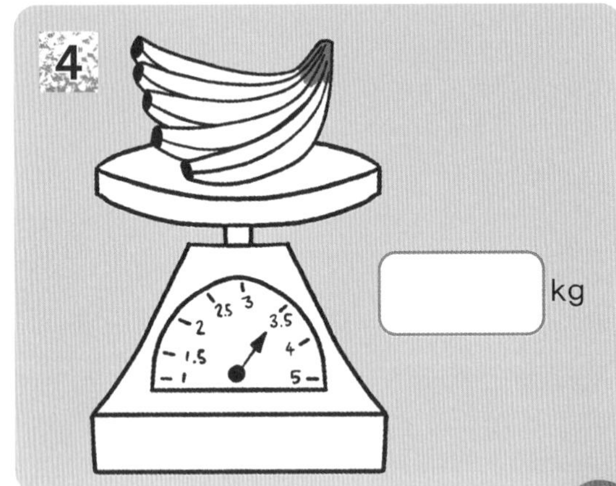

4 [ ] kg

2 다음 무게를 kg과 g의 합으로 나타내세요.

1 3200g = [3] kg + [200] g

2 4500g = [ ] kg + [ ] g

3 2700g = [ ] kg + [ ] g

4 1000g = [ ] kg

가벼운 물건은 g으로,
무거운 물건은
kg으로 나타내.

3 같은 무게를 나타내는 것을 찾아 ○표 하세요.

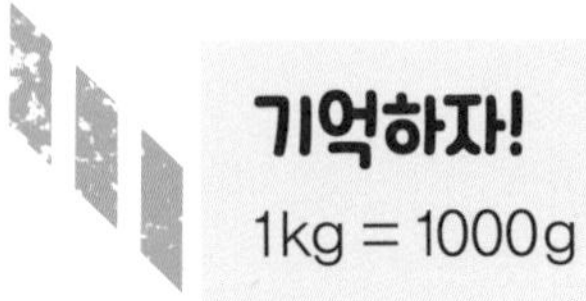

기억하자!
1kg = 1000g

600g 6kg 6000g

4 다음 저울의 눈금을 읽어 가장 가까운 kg으로 나타내세요.

1
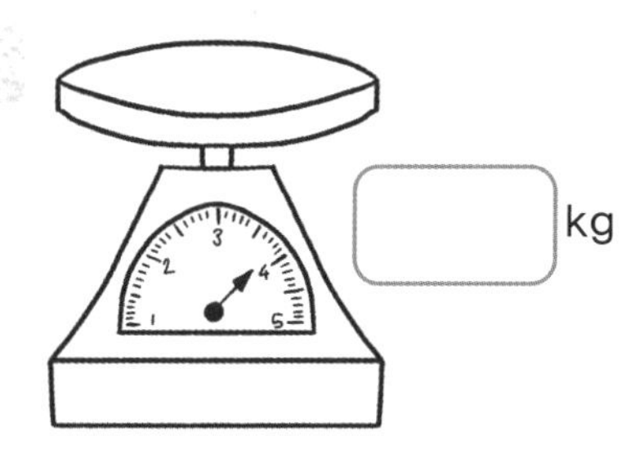
kg

2
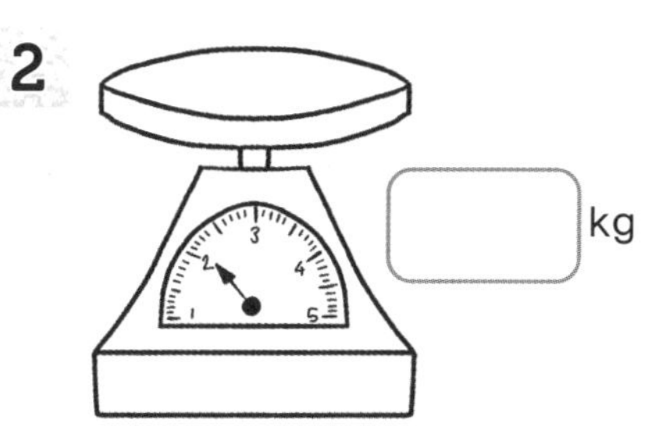
kg

3

kg

4
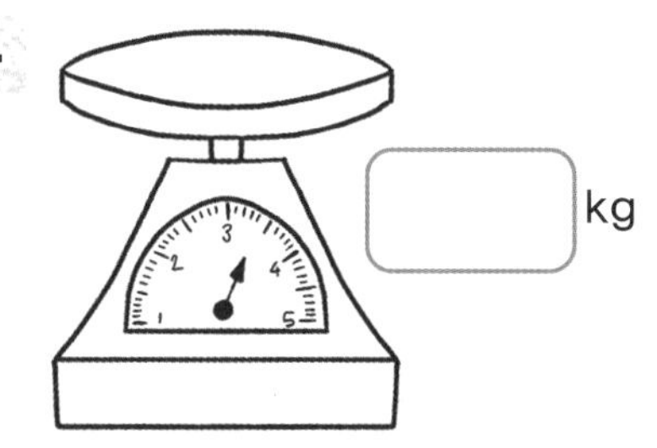
kg

5
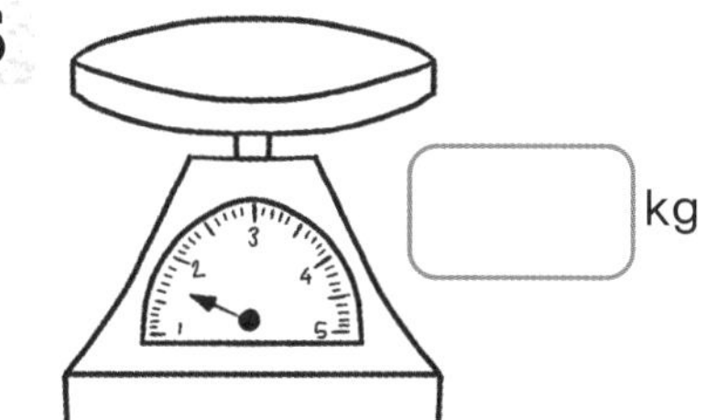
kg

5 다음 저울을 보고 빈칸에 알맞은 수를 쓰세요.

1

사과 1개 = ☐ g

사과 2개 = ☐ g

2

오렌지 1개 = ☐ g

오렌지 2개 = ☐ g

3

코코넛 1개 = ☐ g

코코넛 2개 = ☐ g

칭찬 스티커를 붙이세요.

무게 비교하기

나는 엄청 무거운 초콜릿케이크를 먹고 싶어.

1 다음 무게로 알맞은 것을 찾아 ✓표 하세요.

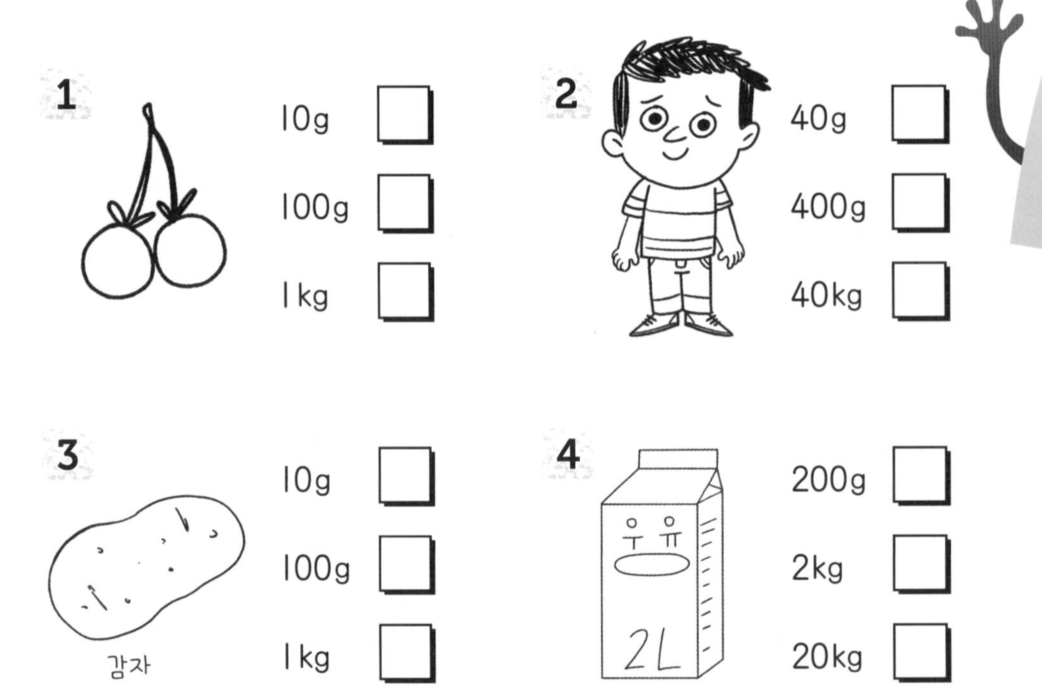

2 다음의 무게를 나타내기에 적당한 단위는 무엇인가요?
g 또는 kg을 알맞게 쓰세요.

3 더 가벼운 것에 ○표 하세요.

물 1L의 무게는 1kg이야.

500g 1kg	1050g 1kg
750g 1kg의 반	2000g 20kg

4 가장 가벼운 물건에 ✓표 하세요.

1

2

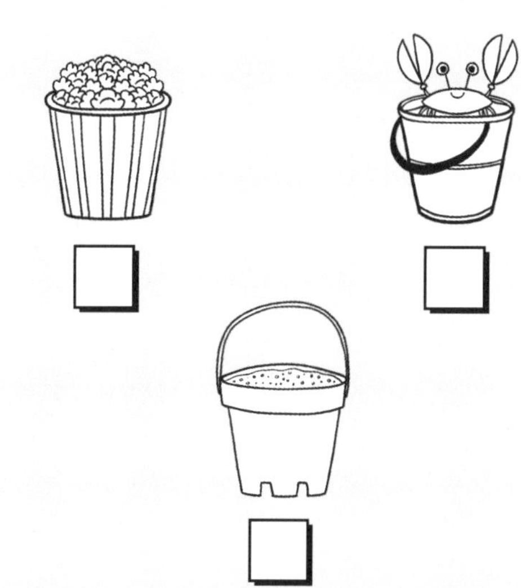

5 다음 물건의 무게를 재어 써 보세요. kg 또는 g 중 적당한 단위를 사용하세요.

1 학교 가방 ______

2 필통 ______

3 몸무게 ______

4 신발 ______

칭찬 스티커를 붙이세요.

체크! 체크!

각각 적당한 단위를 사용했나요? □

길이와 무게의 합과 차

1 블록의 길이를 더해 보세요.

1 + =

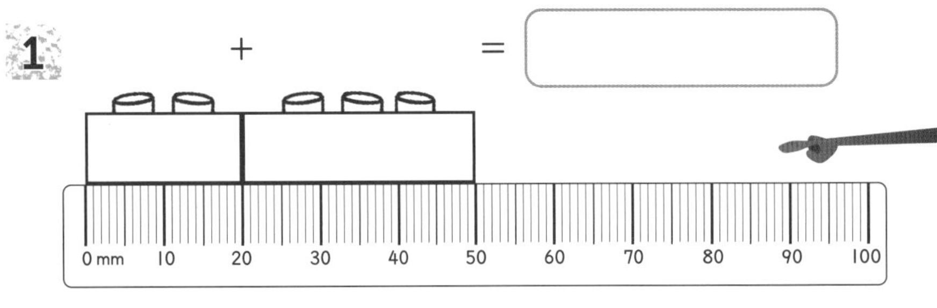

2 + + =

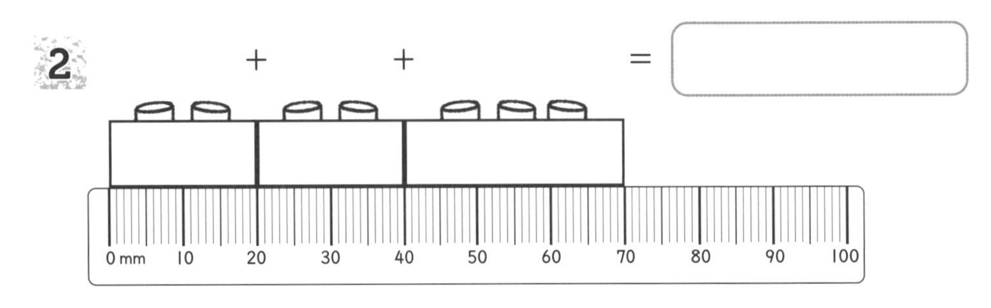

2 어린이들의 키를 비교해 보고 빈칸을 알맞게 채우세요.

기억하자!
측정값을 더할 때에는
같은 단위를 사용해야 해요.

토리는 아시프보다 ☐ cm 더 작아요.

아시프는 조시아보다 ☐ cm 더 작아요.

조시아는 토리보다 ☐ cm 더 커요.

해리는 조시아보다 ☐ cm 더 커요.

3 두 무게의 합과 차를 구하세요.

케이크 만들려고?

1

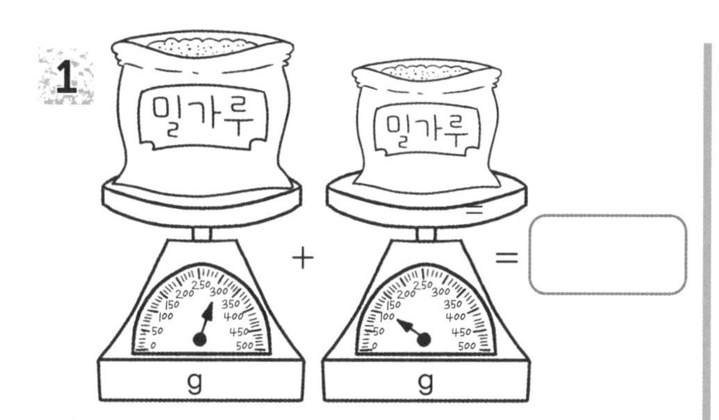

+ =

2

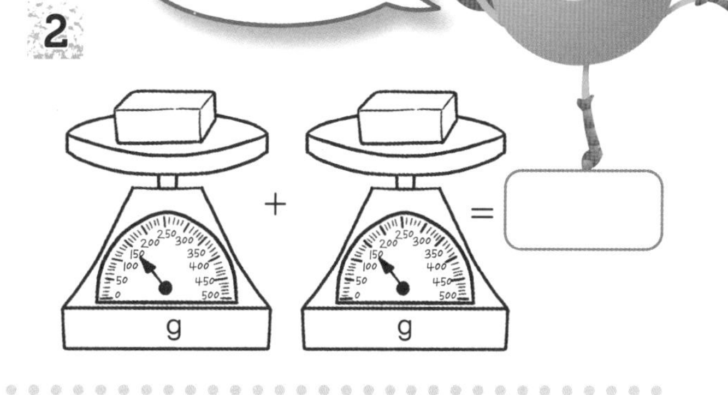

+ =

3

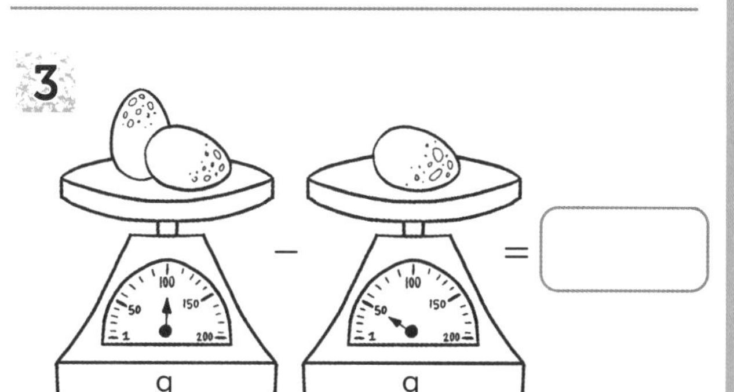

− =

4

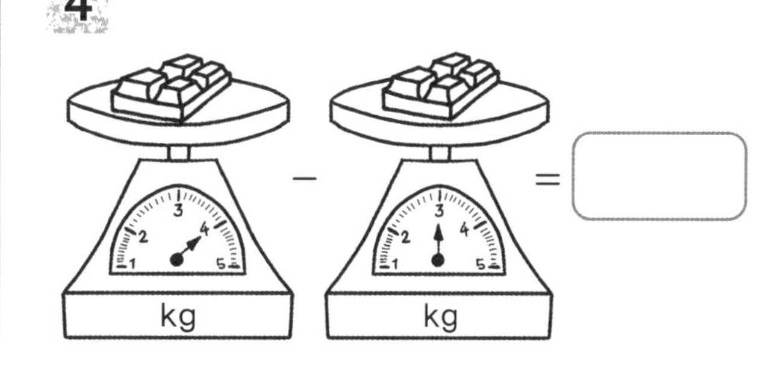

− =

4 저울을 보고 물건 한 개의 무게를 구하세요.

1

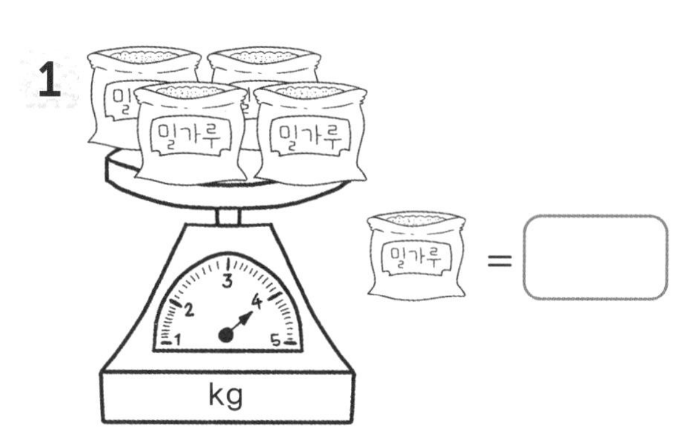

=

2

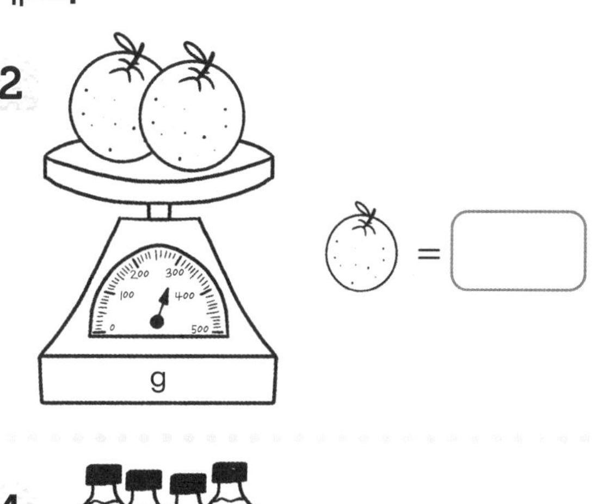

=

3

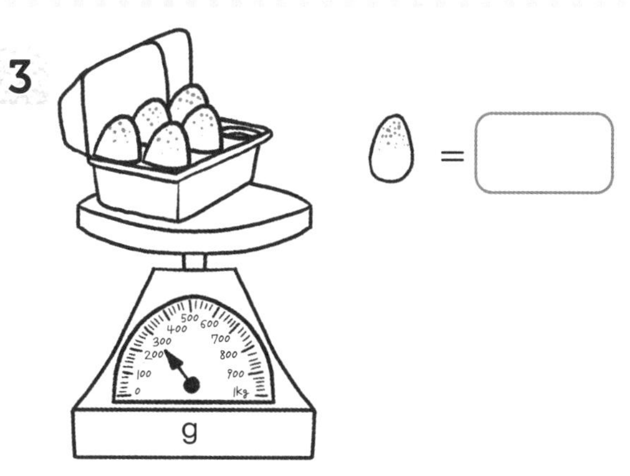
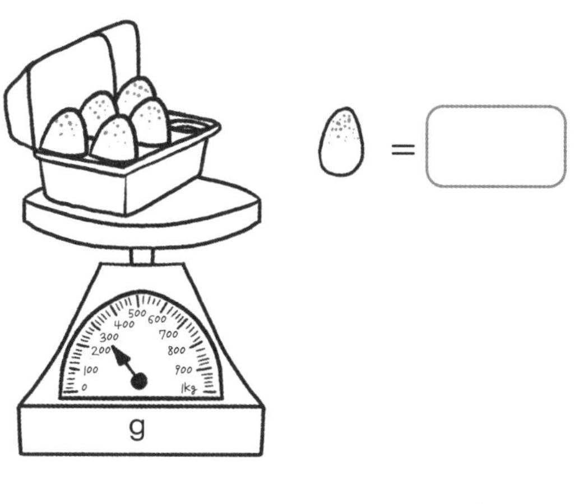

=

4

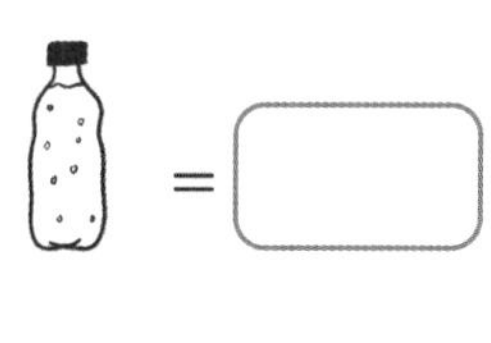

=

체크! 체크!

올바른 단위를 사용했나요? ☐

문제를 다 푼 다음, 32쪽으로!

들이 재기

들이는 리터(L)와 밀리리터(mL)로 나타내.

1 다음 물의 양을 써 보세요.

1 ☐ mL

2 ☐ mL

3 ☐ mL

4 ☐ mL

2 액체의 양이 같은 것끼리 선으로 이어 보세요.

기억하자!
1L = 1000mL

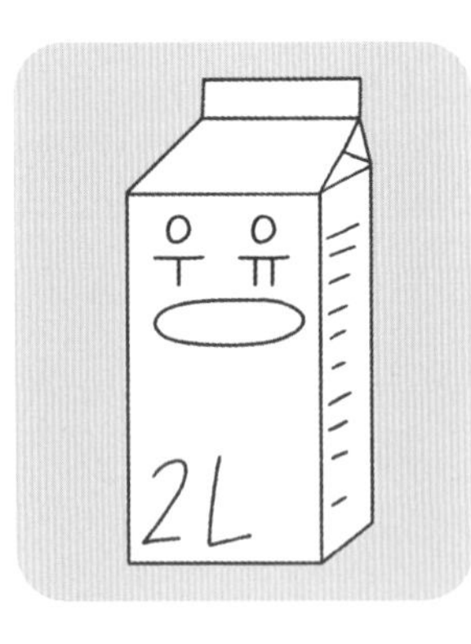

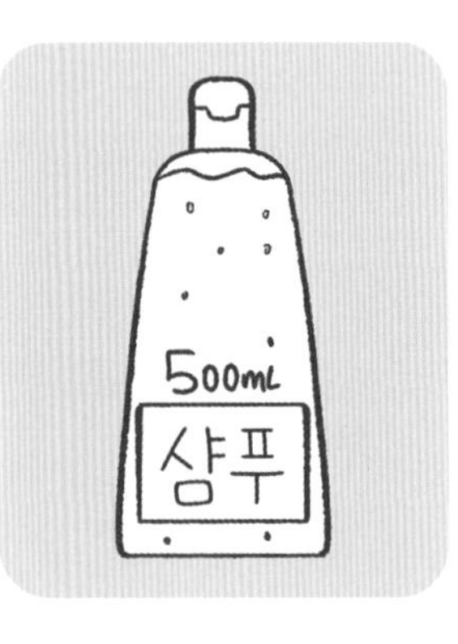

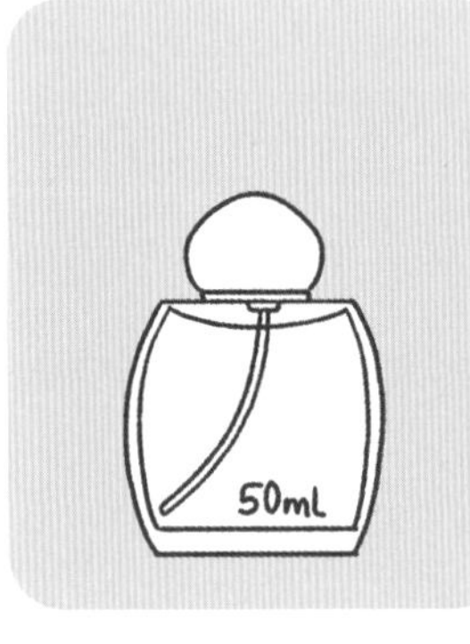

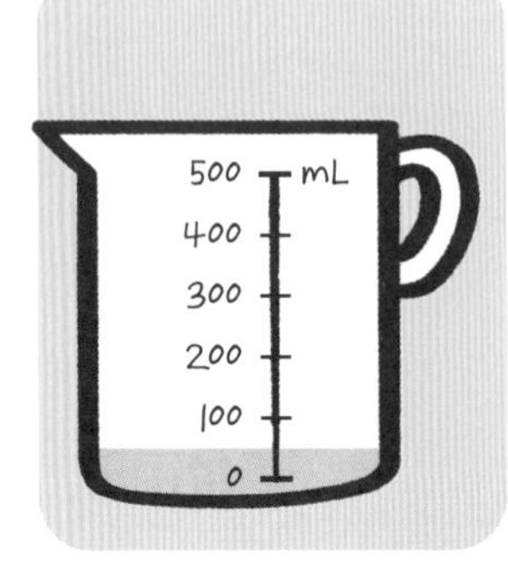

3 각 용기에 들어 있는 액체의 양을 어림하여 알맞은 것에 ✓표 하세요.

1

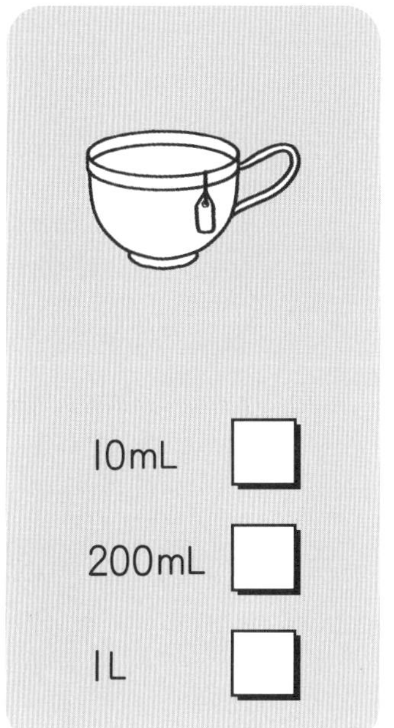

10mL ☐
200mL ☐
1L ☐

2

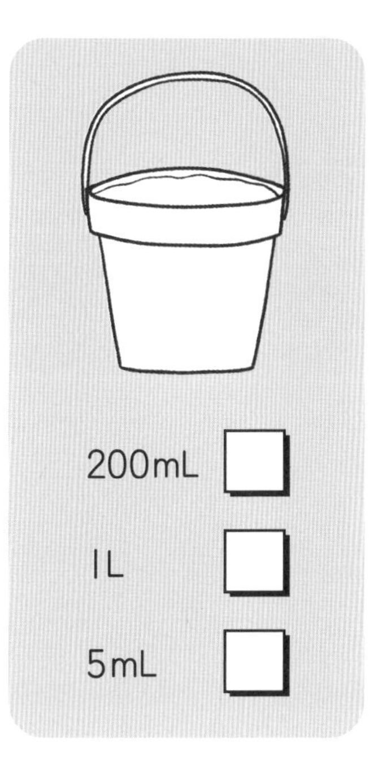

200mL ☐
1L ☐
5mL ☐

3

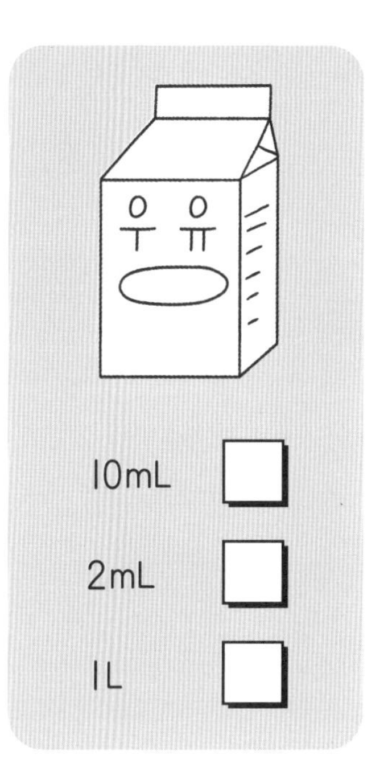

10mL ☐
2mL ☐
1L ☐

4 다음 그림을 보고 빈칸에 알맞은 액체의 들이를 쓰세요.

1

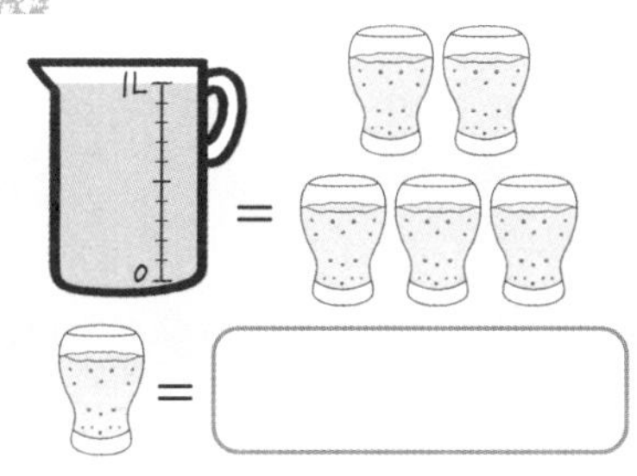

2

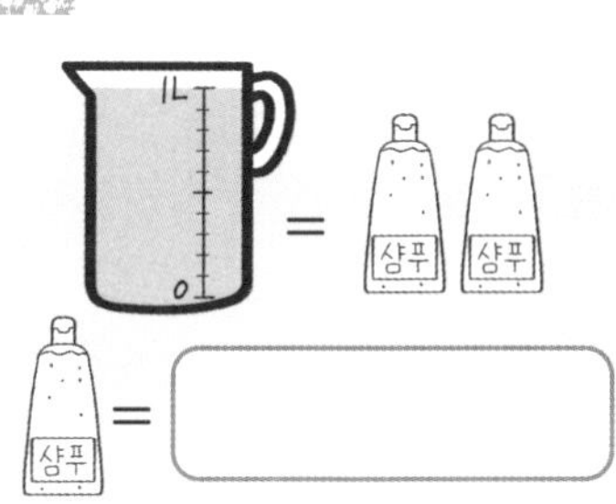

3

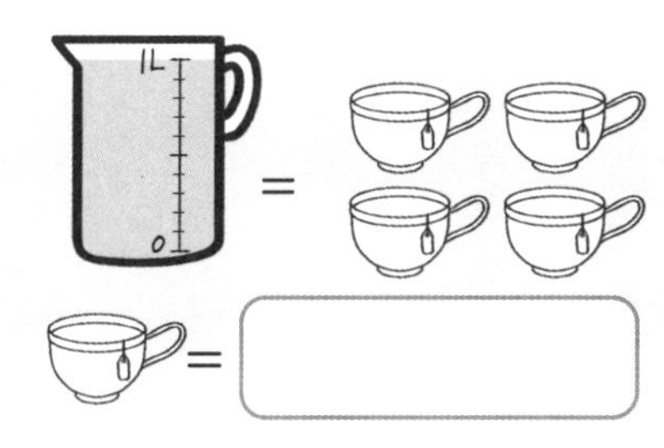

4

올바른 단위를 사용했나요? ☐

보통 물 한 잔은 약 200mL야.

칭찬 스티커를 붙이세요.

문제를 다 푼 다음, 32쪽으로!

들이 비교하기

1 다음과 같이 다른 단위를 써서 나타내 보세요.

1 2L 2mL ______ 2002 mL

2 1300mL ______

3 4200mL ______

4 3L 5mL ______

2 다음 물건의 들이를 나타내기에 적당한 단위를 골라 ✓표 하세요.

1

mL □

L □

2

mL □

L □

3

mL □

L □

4

mL □

L □

5

mL □

L □

3 두 액체의 양을 더해 보세요.

1 (500 / 0mL) + (500 / 0mL) = ☐

2 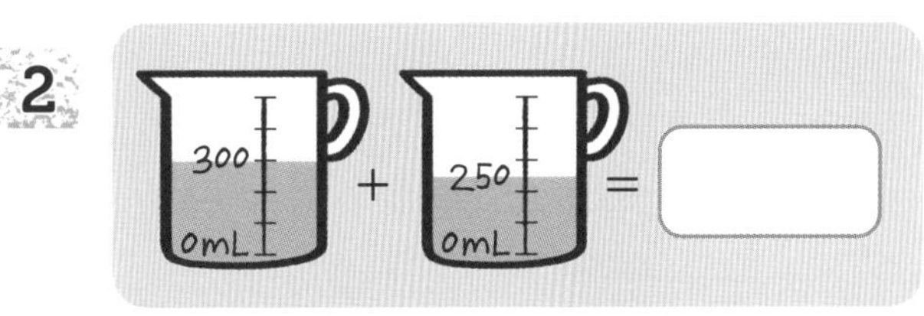

= ☐

3 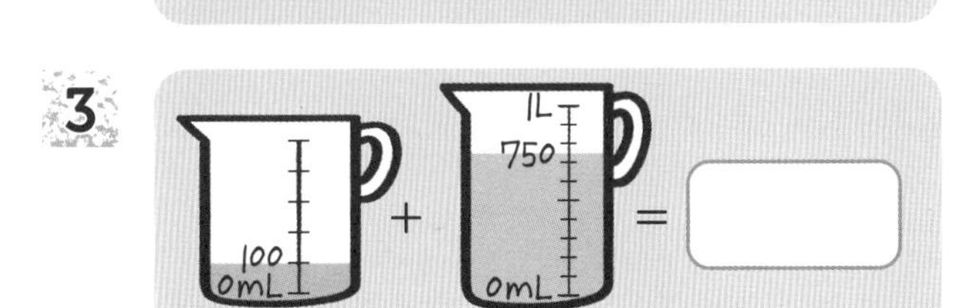

= ☐

4 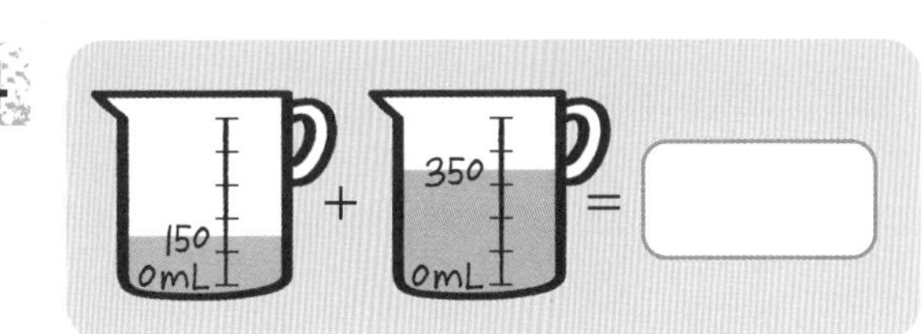

= ☐

4 다음 액체의 양을 설명한 것 중 가장 적당한 것을 골라 ✓표 하세요.

기억하자!
두 측정값을 더할 때에는 단위를 같게 해야 해요.

1
- 1L보다 적어요. ☐
- 1L 정도예요. ☐
- 1L보다 많아요. ☐

2 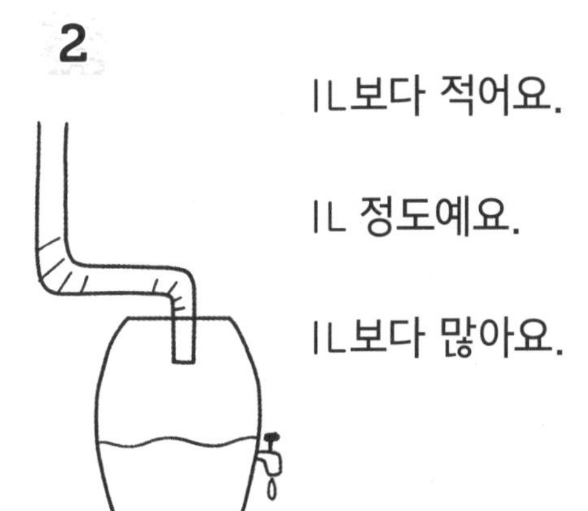
- 1L보다 적어요. ☐
- 1L 정도예요. ☐
- 1L보다 많아요. ☐

3
- 1L보다 적어요. ☐
- 1L 정도예요. ☐
- 1L보다 많아요. ☐

4
- 1L보다 적어요. ☐
- 1L 정도예요. ☐
- 1L보다 많아요. ☐

체크! 체크!
100 mL와 100 L의 차이를 설명할 수 있나요? ☐

문제를 다 푼 다음, 32쪽으로!

나의 실력 점검표

얼굴에 색칠하세요.

- 잘할 수 있어요.
- 할 수 있지만 연습이 더 필요해요.
- 아직은 어려워요.

쪽	나의 실력은?	스스로 점검해요!
2~3	정다각형과 정다각형이 아닌 평면도형을 그리고 설명할 수 있어요.	
4~5	직각을 알고 그릴 수 있으며 평면도형에 표시할 수 있어요.	
6~7	돌리기를 알고 시계 방향과 시계 반대 방향으로 돌리기를 설명할 수 있어요.	
8~9	예각과 둔각을 알고 설명할 수 있으며 그리거나 평면도형에 표시할 수 있어요.	
10~11	입체도형을 알고 설명할 수 있어요.	
12~13	입체도형의 면을 보고 이름을 알 수 있어요.	
14~15	수선, 평행선, 수직, 평행을 알고 설명할 수 있어요.	
16~17	cm와 mm로 길이를 잴 수 있어요.	
18~19	둘레를 계산할 수 있어요.	
20~21	길이를 비교하고 어림할 수 있으며 올바른 단위를 선택할 수 있어요.	
22~23	g이나 kg으로 무게를 잴 수 있어요.	
24~25	무게를 어림할 수 있고 올바른 단위를 선택할 수 있어요.	
26~27	무게와 길이의 합과 차를 구할 수 있어요.	
28~29	mL와 L로 들이를 잴 수 있어요.	
30~31	들이를 비교하고 들이의 합을 구할 수 있어요.	

너는 어때?

정답

2~3쪽

1. 삼각형 – 변: 3, 꼭짓점: 3
정육각형 – 변: 6, 꼭짓점: 6
사각형 – 변: 4, 꼭짓점: 4

2. 이 도형은 정팔각형이고 꼭짓점이 8 개예요.
이 도형은 오각형이고 꼭짓점이 5 개예요.

3.

4-1.  **4-2.** 예)  **4-3.** 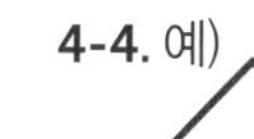 **4-4.** 예)

4~5쪽

1.
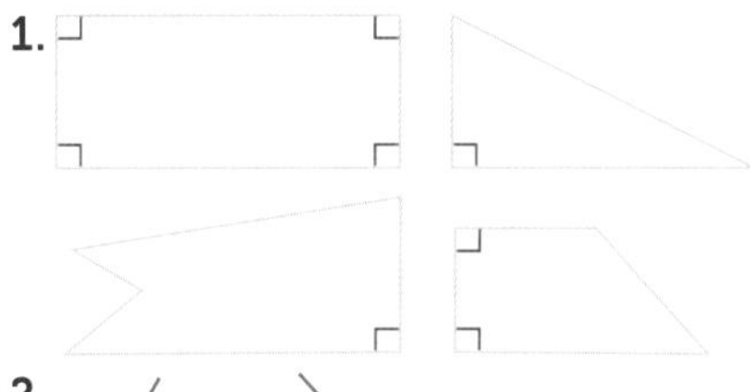

2.
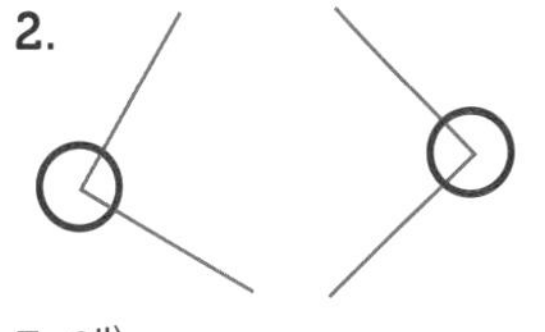

3. 예)
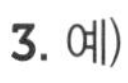
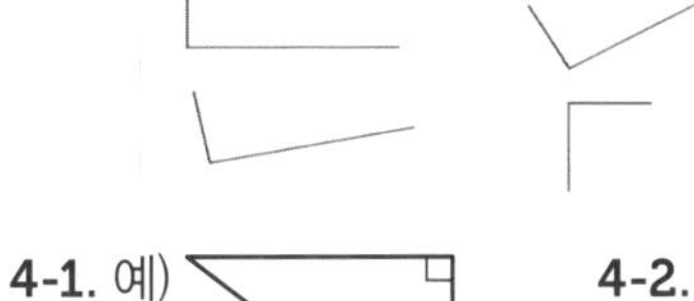

4-1. 예) **4-2.** 예)

6~7쪽

1. 시계 방향, 시계 반대 방향, 시계 반대 방향

2.
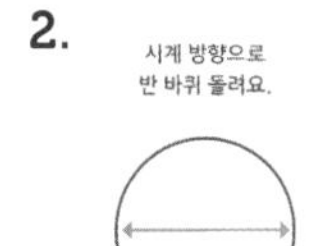

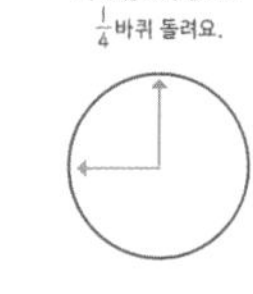

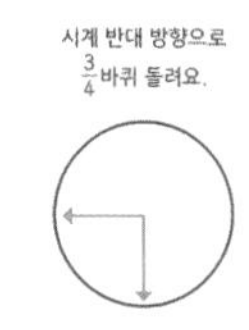

3-1. 1 **3-2.** 3 **3-3.** 1 **3-4.** 2

4.
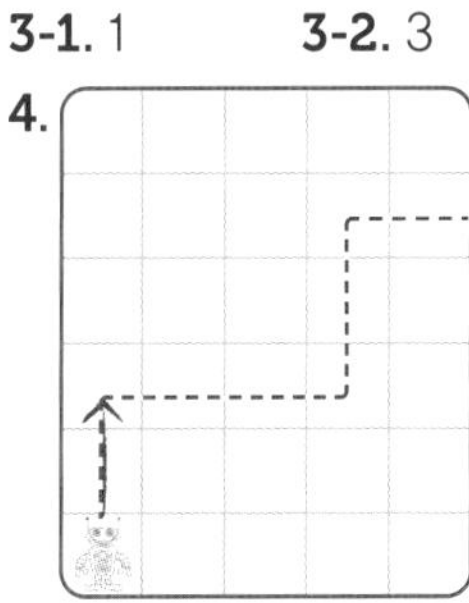

8~9쪽

1. 예각, 둔각, 직각, 둔각, 예각

2-1. 예) **2-2.** 예) **2-3.** 예)

3.

4.

5.

10~11쪽

1.
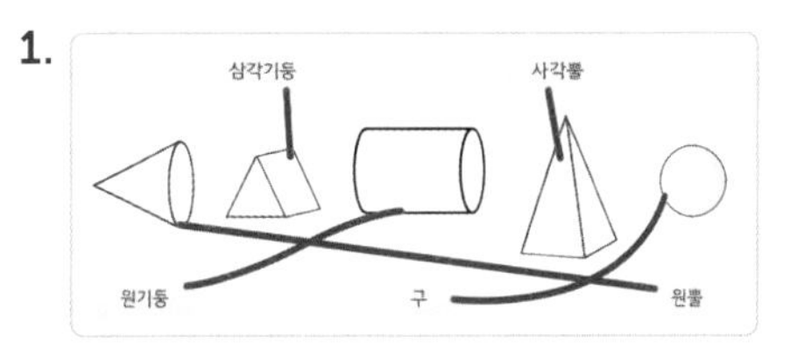

2. 2, 3, 4, 2, 6, 5

3.
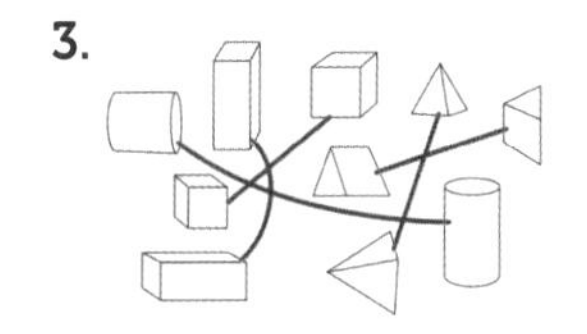

4.
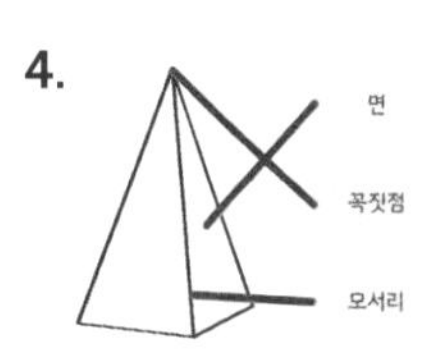

12~13쪽

1. 육각기둥, 오각기둥, 삼각기둥

2.
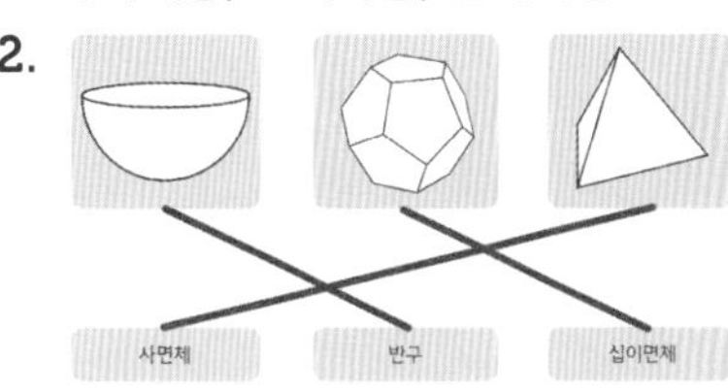

3.

이름	직육면체	원뿔	원기둥	사각뿔
면	6	2	3	5
꼭짓점	8	1	0	5
모서리	12	0	0	8

4.
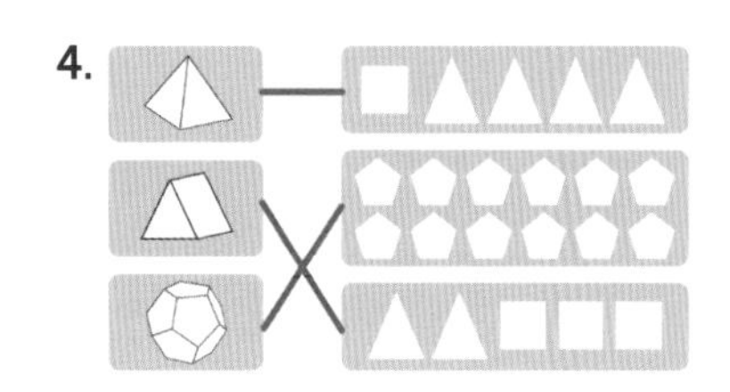

14~15쪽

1.
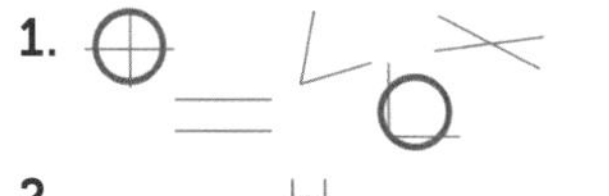

2.
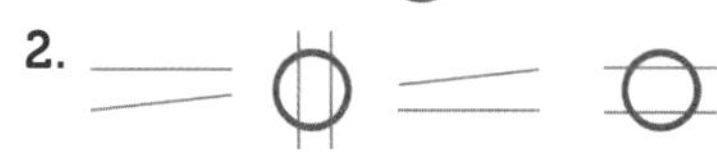

3.

4.
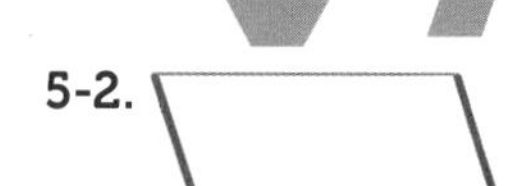

5-1.

5-2.

6.
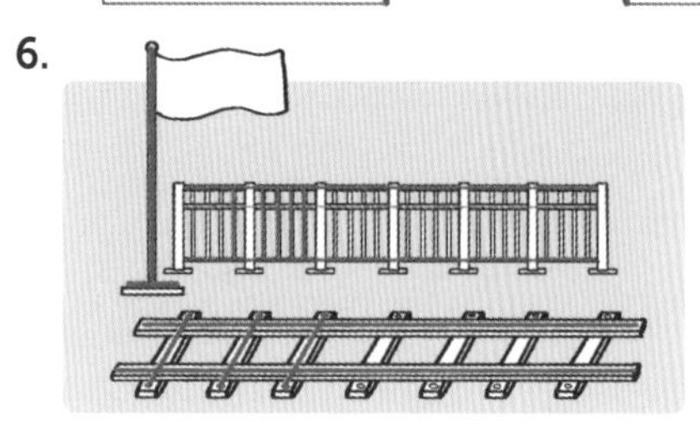

＊ 이외에도 더 많이 찾을 수 있어요.

16~17쪽

1-2. 8 **1-3.** 3 **1-4.** 10
2. 8.2, 82 / 9.2, 92 / 4.3, 43
3. 점프를 한 후 거리를 재어 보세요.
4. 86, 9, 70, 7, 51, 5

18~19쪽

1-2. 10cm + 2cm + 10cm + 2cm = 24cm
1-3. 15cm + 15cm + 30cm + 30cm = 90cm
1-4. 40cm + 40cm + 20cm = 100cm
1-5. 25cm + 25cm + 25cm = 75cm
1-6. 12cm + 6cm + 12cm + 6cm = 36cm
2-1. 8 + 10 + 10 + 10 + 8 = 46, 46
2-2. 7 + 3 + 3 + 7 + 4 + 4 = 28, 28
2-3. 8 + 8 + 4 + 4 + 8 = 32, 32
2-4. 2 + 2 + 3 + 4 + 3 + 2 + 2 + 4 = 22, 22

20~21쪽

1-1. m **1-2.** cm **1-3.** mm
1-4. cm **1-5.** m
2. 203mm, 2m, 15cm, 45mm
3-1. 4 **3-2.** 1.5 **3-3.** 3 **3-4.** 8
3-5. 2.5 **3-6.** 6
4. 아이의 어림값을 확인해 주세요.
측정값: 6.4, 측정값: 3.9, 측정값: 7.7

22~23쪽

1-1. 150 **1-2.** 2 **1-3.** 300
1-4. 3.5
2-2. 4, 500 **2-3.** 2, 700 **2-4.** 1
3. 6kg, 6000g
4-1. 4 **4-2.** 2 **4-3.** 4
4-4. 3 **4-5.** 2
5-1. 100, 200 **5-2.** 150, 300 **5-3.** 250, 500

24~25쪽

1-1. 10g **1-2.** 40kg **1-3.** 100g **1-4.** 2kg
2-1. g **2-2.** kg **2-3.** g 또는 kg
2-4. g **2-5.** kg
3. 500g, 1kg, 1kg의 반, 2000g
4-1. ☐ **4-2.** ☑ ☐
☐ ☑ ☐
5. 각 물건의 무게를 재어 보세요.

26~27쪽

1-1. 50mm **1-2.** 70mm
2. 20, 15, 35, 15
3-1. 400g **3-2.** 300g **3-3.** 50g **3-4.** 1kg
4-1. 1kg **4-2.** 150g **4-3.** 60g **4-4.** 1kg

28~29쪽

1-1. 350 **1-2.** 500 **1-3.** 150 **1-4.** 900
2.
3-1. 200mL **3-2.** 1L **3-3.** 1L
4-1. 200mL **4-2.** 500mL **4-3.** 250mL **4-4.** 2500mL

30~31쪽

1-2. 1L 300mL 또는 1.3L
1-3. 4L 200mL 또는 4.2L
1-4. 3005mL
2-1. mL **2-2.** L **2-3.** mL **2-4.** L
2-5. mL
3-1. 1000mL 또는 1L **3-2.** 550mL
3-3. 850mL **3-4.** 500mL
4-1. 1L 정도예요.
4-2. 1L보다 많아요.
4-3. 1L보다 적어요.
4-4. 1L보다 적어요.

정리 노트

런런 옥스퍼드 수학

4-4 도형과 측정

초판 1쇄 발행 2022년 12월 6일
글·그림 옥스퍼드 대학교 출판부 **옮김** 상상오름
발행인 이재진 **편집장** 안경숙 **편집 관리** 윤정원 **편집 및 디자인** 상상오름
마케팅 정지운, 김미정, 신희용, 박현아, 박소현 **국제업무** 장민경, 오지나 **제작** 신홍섭
펴낸곳 (주)웅진씽크빅
주소 경기도 파주시 회동길 20 (우)10881
문의 031)956-7403(편집), 02)3670-1191, 031)956-7065, 7069(마케팅)
홈페이지 www.wjjunior.co.kr **블로그** wj_junior.blog.me **페이스북** facebook.com/wjbook
트위터 @wjbooks **인스타그램** @woongjin_junior
출판신고 1980년 3월 29일 제406-2007-00046호
원제 PROGRESS WITH OXFORD: MATH
한국어판 출판권 ©(주)웅진씽크빅, 2022 **제조국** 대한민국

ISBN 978-89-01-26533-9
ISBN 978-89-01-26510-0 (세트)